牛病
诊治实用技术

NIUBING ZHENZHI SHIYONG JISHU

赵树臣　主编

中国科学技术出版社
·北　京·

图书在版编目（CIP）数据

牛病诊治实用技术 / 赵树臣主编 . —北京：
中国科学技术出版社，2018.1
ISBN 978-7-5046-7819-5

I.①牛…　II.①赵…　III.①牛病—诊疗
IV.① S858.23

中国版本图书馆 CIP 数据核字（2017）第 278554 号

策划编辑	王绍昱
责任编辑	王绍昱
装帧设计	中文天地
责任校对	焦　宁
责任印制	徐　飞

出　　版	中国科学技术出版社
发　　行	中国科学技术出版社发行部
地　　址	北京市海淀区中关村南大街16号
邮　　编	100081
发行电话	010-62173865
传　　真	010-62173081
网　　址	http://www.cspbooks.com.cn

开　　本	889mm×1194mm　1/32
字　　数	166千字
印　　张	7.125
版　　次	2018年1月第1版
印　　次	2018年1月第1次印刷
印　　刷	北京威远印刷有限公司
书　　号	ISBN 978-7-5046-7819-5 / S·692
定　　价	28.00元

编 委 会

主 编

赵树臣

副主编

赵红霞　白喜云　张　磊

参加编写人员（以姓氏笔画为序）

白喜云（山西农业大学）

刘俊平（内蒙古农业大学）

张　磊（哈尔滨市兽药饲料监察所）

侯振中（东北农业大学）

赵树臣（东北农业大学）

赵红霞（内蒙古农业大学）

曹　峥（东北农业大学）

樊泓亮（内蒙古优然牧业有限公司）

主 审

王洪斌（东北农业大学）

Preface 前言

　　目前，随着奶牛和肉牛养殖业的不断发展，牛病的诊疗也成为必不可少的一个环节。这就需要广大的兽医人员和养殖户能够掌握正确的临床诊疗方法和技巧，从而有效防控牛病的发生，促进奶牛和肉牛养殖业的健康发展。

　　牛病种类繁多，在临床中常见的疾病就超过百种，许多疾病的临床症状具有相似性，给临床诊治带来很大困难。本书是在作者多年临床教学及牛场技术服务中掌握的丰富临床诊断技术和实际操作经验，以及查阅和整理国内外科技文献的基础上编写而成，在内容上以牛的常见病、多发病为重点，将牛病按传染病、寄生虫病、内科不同系统疾病、营养代谢病、中毒病、产科疾病、犊牛疾病和外科疾病等进行归类，对其发生原因和机制简单归纳，对诊断、治疗进行重点介绍，目的是帮助专业人员快速甄别疾病并有效防治。同时，为达到标本兼治的目的，书中总结和收集了大量的中兽医疗法，供读者参考应用。本书语言简洁扼要，文字通俗易懂，力求科学合理，详尽精练，适合各层次兽医人员、动物防疫人员及养殖户的阅读，并可供院校师生参考。

　　在本书的编写过程中，得到了哈尔滨市动物卫生防疫站张晋举老师的大力支持，东北农业大学王洪斌教授承担了本书的主审工作，在此一并表示衷心的感谢！

本书中所涉及的药物使用方法及剂量仅供参考。建议读者在使用每种药物之前，要参考厂家提供的产品说明推荐剂量、使用方法和配伍禁忌等，并根据自身经验和具体患病牛的状况决定药物用量，选择最佳的治疗方案。出版社和作者对任何在治疗过程中所发生的药物使用问题所造成的损失不承担任何责任。

应该指出的是，由于现代科学的飞速发展，知识更新的年限不断缩短，加上时间仓促和笔者学识水平的限制，本书不可避免地会存在不全面或不准确的地方，诚恳希望各位读者给予批评指正，以便再版时更正。

赵树臣

Contents 目 录

第一章
牛病诊疗基础

一、整体及一般检查

整体及一般状态的检查，主要包括对牛体况体态、精神状态、全身及局部表被状态的观察，可视黏膜、浅在淋巴结的检查，以及体温、呼吸、脉搏等常规测定。

（一）整体状态观察

先判定牛体况。牛健康时保持其特有姿势，两眼有神，行动、采食和饮水等表现自然、动作灵活而协调，对周围环境变化反应灵敏，精神抖擞。病牛表现为营养不良（表现为消瘦，被毛蓬乱无光泽，皮肤缺乏弹性，肌肉和皮下脂肪菲薄，骨骼棱角显露）或营养过剩。

精神异常表现为兴奋和抑制两种情况：兴奋表现亢奋、躁动不安、嚎叫，重则乱冲乱撞、狂奔乱跑等；抑制表现行动迟缓、萎靡不振、耳聋头低、半闭双眼，对周围事物反应迟钝等，根据抑制的程度，可分为沉郁、嗜睡、昏迷等。

异常站立姿态主要表现为站立不稳，长久站立，肢蹄避免负重，强迫躺卧等。通过牵遛或跑动等，可进一步观察牛的步态是否有异常。

（二）表被状态检查

1. 被毛检查 健康牛的被毛整洁、平滑而有光泽。患病牛常表现为被毛蓬乱、污秽不洁、毛色异常和掉毛等。发生慢性消耗性疾病、营养物质不足及某些代谢性疾病时，可见被毛逆立、无光，换毛迟缓等。发生皮肤病或外寄生虫病时，可见局限性脱毛、皮屑增多及结痂、破损等。

2. 皮肤检查 主要检查皮肤的颜色、温度、湿度、弹性及其他各种病理变化。通过视诊观察皮肤颜色是否出现异常，如黄染、潮红等。通过手背触诊皮肤的温度和湿度，同时要注意躯干与末端的温度比较，特别应注意鼻镜、角根、耳根及四肢末端的温度；牛发病后可表现皮肤干燥或发汗增多等情况。皮肤弹性的检查一般是用手指揪起牛颈部的皮肤，通过皮肤恢复程度来间接判定脱水的程度。特别注意对牛鼻镜的检查。健康牛鼻镜湿润有光泽；患热性病及重度消化障碍时，则鼻镜干燥，甚至龟裂。

（三）可视黏膜检查

可视黏膜的检查重点是观察黏膜表面有无充血、出血、溃疡、结节等。临床上对牛可视黏膜的检查一般指巩膜的检查，将患牛的牛角抓紧，或者用手指掐紧牛的鼻孔，用力将牛头向一侧翻转，即可看到巩膜的颜色。其他可视黏膜，如鼻腔、口腔、直肠、阴道等部位的黏膜则可根据具体情况确定是否进行检查。

（四）浅在淋巴结检查

临床上对牛淋巴结的检查主要用视诊和触诊，包括下颌淋巴结、肩前淋巴结、股前淋巴结、腹股沟浅淋巴结和乳上淋巴结等，必要时可配合穿刺检查。

（五）体温、脉搏、呼吸测定

1. 体温　正常牛的体温为 37.5～39℃（详见附表 1），受生理和环境等因素的影响有 0.2～1.0℃的波动。临床上以直肠温度为准，通常每日测温 1 次，如有需要，可多次测定体温。

2. 脉搏　牛的脉搏一般为 50～80 次/分，通常检查尾动脉。脉搏增加见于心脏疾病、传染病、热性病、疼痛性疾病和严重贫血性疾病；脉搏降低见于脑病、某些中毒或高度衰竭，脉搏显著降低则表示预后不良。

3. 呼吸频率　健康牛的呼吸频率为 10～25 次/分。呼吸次数增多除了呼吸器官本身疾病外，很多情况，如发热性疾病、心功能不全及心力衰竭、剧烈疼痛、某些中毒性和中枢神经系统的疾病等，均可引起呼吸次数的增加。呼吸次数减少见于呼吸中枢的高度抑制，如脑部疾病、濒死期等。

二、心血管系统检查

心血管系统的检查，不仅对本系统疾病的诊断有意义，而且对其他系统及全身性疾病的诊断、治疗和判定预后，都有十分重要的意义。

（一）心脏触诊

心室收缩时会冲击左侧心区的胸壁而引起局部的震动，在左侧第五肋间的胸廓下 1/3 处可进行触诊检查。主要检查心搏动的频率、强弱等。心搏动增强见于发热病的初期、剧烈疼痛，以及心肌炎、心脏肥大等心脏疾病。心搏动减弱多见于心衰后期，以及胸腔积液、心包炎、慢性肺泡气肿和胸壁水肿等疾病，引起心脏与胸壁间距离增加而减弱。

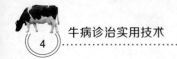
（二）心脏叩诊

单纯叩诊心脏呈浊音，但由于心脏的大部分被肺脏所掩盖，故叩诊时呈半浊音。叩诊心脏主要是为了确定心脏的大小、形状及位置，以及在叩诊时有无疼痛表现。心脏浊音区增大可见于心脏肥大、扩张及心包积液；心脏浊音区缩小通常是由于肺泡气肿及气胸等引起；心包炎及胸膜炎时，心区叩诊患牛可表现因疼痛而躲闪。

（三）心脏听诊

在左侧肘突内侧第五肋间听诊健康牛的心音，第一心音和第二心音呈现有节律的交替的"嗵—塔、嗵—塔"声，一般听不到任何杂音。异常情况包括如下情况：

1. 心音频率的改变　同脉搏频率的改变，其临床诊断意义一致。

2. 心音强度的改变　临床上常见第一和第二心音都增强或减弱，以及其中之一增强或减弱。两心音都增强见于热性病初期、剧痛性疾病、贫血、心肥大及心脏病的代偿功能亢进；心音减弱见于心肌炎、心肌变性，原因是心肌收缩力减弱，心脏驱血量减少，另外发生渗出性心包炎、渗出性胸膜炎时心音也会减弱。

3. 心音节律的改变　指正常的心音节律出现快慢不定、强弱不一、间隔不等等情况，常见于心肌疾病、迷走神经过度紧张等疾病和重危的病牛。

4. 心杂音　心杂音是指伴随心脏的收缩、舒张而产生的正常第一、二心音以外的附加音。可分为心外性杂音与心内性杂音。心外性杂音是心包或是靠近心区的胸膜发生病变所产生的杂音，主要有心包击水音、心包摩擦音、胸膜摩擦音等；心内性杂音是二尖瓣或（和）三尖瓣发生形态改变或闭锁不全，以及血液性质发生变化。伴随心脏活动而产生的杂音主要由二尖瓣或（和）三尖瓣瓣膜闭锁不全、瓣膜狭窄、血液稀薄等引起。

三、呼吸系统检查

（一）胸廓、胸壁检查

胸廓的检查主要采用视诊和触诊的方法，检查胸廓的大小、外形、对称性及胸壁的敏感性。胸廓向两侧扩张，左右横径显著增加，可考虑气胸、肺气肿、胸腔积液。两侧胸壁明显不对称，可考虑肋骨骨折、单侧性胸膜炎、胸膜粘连、单侧气胸、单侧膈疝、单侧间质性肺气肿等。发现胸骨柄前突，且肋骨与肋软骨交接处有串珠状突起，脊柱凹凸不平，四肢弯曲等，可考虑佝偻病。

（二）上呼吸道检查

先检查牛的呼出气体。健康牛的呼出气体一般无特殊气味。当肺和呼吸道发生坏死性疾病时，除流出恶臭的鼻液外，呼出气体也带有强烈的腐臭味；当肺和呼吸道化脓感染时，呼出气体则带有脓臭味；尿毒症时，呼出气体可能有尿臭气味；酮病时，有丙酮气味。之后进行鼻的检查，注意观察鼻孔周围组织及鼻黏膜的颜色、是否有肿胀、水疱、溃疡、结节和损伤，鼻甲骨形态的变化等。鼻镜干燥甚至龟裂，见于发热性疾病；鼻黏膜肿胀，见于流行性感冒、牛恶性卡他热等；鼻黏膜有水疱，多半是口蹄疫；有大量鼻液（浆液性、黏液性、脓性、腐败性和血性）流出，见于流感、急性鼻炎、咽喉炎、肺炎、肺脓肿、肺坏疽、肺结核、恶性卡他热等。最后检查咽喉、气管和上呼吸道，触诊咽喉，观察是否有肿胀和敏感，如局部发热、疼痛，人工诱咳阳性，见于急性喉炎，同时听诊时会听到喘鸣音、鼾音、啰音等；

如上呼吸道出现病变，在呼吸时可听到异常的上呼吸道杂音，包括鼻呼吸杂音、喉狭窄音、喘鸣音、啰音、鼾声，触诊可能会引起咳嗽。

（三）肺与胸膜检查

1. 视诊 观察牛的呼吸运动，注意呼吸的频率、类型、节律，是否有呼吸困难和呃逆（膈肌痉挛）等症状。健康牛为胸腹式呼吸，体现为胸壁和腹壁的起伏动作协调，呼吸肌收缩强度基本一致。如出现胸式呼吸，也就是以胸部或胸廓的活动占优势，胸壁的起伏动作明显大于腹壁，腹部的肌肉活动微弱或消失，表明患牛腹壁和腹腔器官发生病变，见于膈肌麻痹或破裂、瘤胃臌气、创伤性网胃炎、严重的腹腔积液、肠臌气、急性腹膜炎和腹壁外伤等；如出现腹式呼吸，表现为腹壁的呼吸起伏动作明显，而胸壁的活动轻微，表明患牛在胸部发生病变，见于胸膜肺炎、慢性肺气肿、急性胸膜炎和肋骨骨折等；如果呼吸节律改变，表现吸气延长且费力，见于上呼吸道狭窄，鼻、喉和气管内有炎性肿胀；呼气时间显著延长且费力，见于慢性肺泡气肿、慢性支气管炎等；如果在呼吸时，表现多次短促的吸气或呼气的间断性吸气或呼气，见于细支气管炎、慢性肺气肿、胸膜炎和发生其他严重的胸腹部疼痛性疾病；如果表现陈-施二氏呼吸症状（呼吸由浅逐渐加强、加深、加快，然后又逐渐变弱、变浅、变慢，而后呼吸中断），见于脑炎、脑膜炎、心力衰竭、尿毒症及某些药物中毒等。

2. 叩诊 牛肺部的正常叩诊音呈清音。胸、肺的叩诊有间接和直接叩诊两种。叩诊要包括整个肺部，从胸廓中部由前向后依次进行，然后上 1/3，再下 1/3。出现浊音、半浊音，见于肺炎、肺脓肿、肺坏疽、肺结核、肺肿瘤和胸膜肺炎等；出现水平浊音，见于渗出性胸膜炎、胸腔积液等；出现鼓音，见于肺空洞、气胸、膈疝、支气管扩张等；出现过清音，见于肺气肿。叩诊敏感或疼痛提示胸膜炎、胸区损伤。

3. 听诊 正常肺部可听到肺泡呼吸音和支气管呼吸音。肺泡呼吸音类似柔和吹风样的"夫、夫"音，在肺区中 1/3 最为明显。支气管呼吸音是喉呼吸音和气管呼吸音的延续，比气管呼吸音弱，比肺泡呼吸音强，是一种类似"赫、赫"的声音。听诊肺部时，首先从中 1/3 开始，由前向后逐渐听取，之后是上 1/3，最后听诊下 1/3，每个部位听 2～3 次呼吸音。在听诊肺部呼吸音时应注意呼吸音的强度、音调的高低和呼吸时间的长短以及呼吸音的性质，辨别病理呼吸音。

（1）**病理性肺泡呼吸音** 可分为增强、减弱或消失及断续性呼吸音。肺泡呼吸音增强，主要表现为重读"夫、夫"音，见于热性病、贫血、代谢性酸中毒、代谢亢进等伴有一般性呼吸困难的疾病。肺泡呼吸音减弱或消失，表现肺泡音变弱、听不清楚，甚至听不到，见于肺炎、肺气肿、肺结核、上呼吸道狭窄、呼吸肌麻痹、胸腔积液、胸膜增厚、胸壁肿胀，以及全身极度衰弱等。断续呼吸音，肺泡呼吸音呈断续状，见于支气管炎、肺结核、肺硬变等。

（2）**病理性支气管呼吸音** 常表现为支气管呼吸音增强，常见于肺炎、肺结核等。

（3）**啰音** 分干啰音和湿啰音。干啰音是由于气管、支气管或细支气管因发炎肿胀而使管腔狭窄或部分阻塞，空气吸入或呼出通过时，因强烈摩擦而产生的声音。干啰音可因咳嗽、深呼吸而发生减少、增多或移位，常见于支气管肺炎、肺结核、肺线虫、肺气肿和肺肿瘤等。湿啰音为气流通过带有稀薄分泌物的支气管时，引起液体移动或水疱破裂而发生的声音，又称水疱音，常见于肺炎、肺瘀血、肺出血、异物性肺炎和心力衰竭等。

（4）**胸膜摩擦音** 见于大叶性肺炎、胸膜肺炎时纤维蛋白沉着胸膜和脏器表面，呼吸时两者间粗糙的黏膜面互相摩擦而产生。

（5）拍水音（击水音） 当胸腔内有液体和气体同时存在时，呼吸和心搏动振荡或冲击液体而产生拍水音，见于渗出性胸膜炎、化脓性胸膜炎和创伤性心包炎（心包拍水音）等。

四、消化系统检查

一般通过问诊和临床检查，了解牛的食欲和饮欲变化，判定患牛的发病状况。例如，当牛发热、腹泻、大量出汗时，饮欲大增；而患有脑病和一些胃肠道疾病，可使饮欲减少；犊牛经常吃灰渣、泥土等污物，提示其缺乏微量元素和维生素。口腔、牙齿、面部神经及关节等有异常会影响牛的采食动作。当牛不能采食时，多见于面神经麻痹、下颌关节疾病、破伤风、脑水肿等；当出现咀嚼障碍时，主要见于牙齿、舌、口腔黏膜的疾病。当舌、咽、喉、食道及贲门出现病变，均可以引起吞咽障碍，表现摇头、伸颈、流涎等。

反刍和嗳气是前胃功能的标志，也是全身功能的重要体现，牛每昼夜反刍4～10次，每次20～40分不等，每个食团咀嚼30～50次。病重则反刍减少或废绝，若反刍逐渐恢复则病情好转。嗳气减少主要见前胃疾病或热性病，停止则为严重瘤胃功能障碍或食道梗塞。牛一般不呕吐。

（一）口腔检查

口腔检查主要注意气味，口腔黏膜的温度、湿度、颜色及异常性（疱疹、结节、溃疡和损伤等），舌和牙齿异常及流涎。口腔有臭味见于口炎、牙齿疾病、咽炎、食管疾病、胃肠道的炎症和阻塞等；发生酮病时，有烂苹果气味；口腔黏膜破溃见于口蹄疫、牛瘟、恶性卡他热等；口腔黏膜的极度苍白或发绀，则表示预后不良。舌面出现水疱、糜烂和溃疡，见于口蹄疫、水疱性口炎、恶性卡他热、牛黏膜病、牛瘟等。舌苔颜色呈灰白色或黄白色，见于胃肠疾病及发热性疾病。舌苔薄且色淡，提示病程短、病情轻；舌苔厚而色深，则标志病程长、病情较重，如舌色青紫、舌软如绵，则提示病危。牙齿的异常包括齿列是否整齐，牙齿有无松动，是否有龋齿、过长齿、波状齿、赘生齿等。

（二）咽部检查

主要检查咽部及咽周围是否肿胀、敏感性如何，有无吞咽障碍等。

（三）食道检查

颈部食道检查可进行外部视诊、触诊及探诊，而胸部食道只能进行胃导管探诊或 X 线检查。颈部食道出现界限明显的局限性膨隆，见于食道憩室、食道狭窄、扩张、梗阻；食道触诊主要感觉是否有肿胀、异物、波动感及敏感反应等。食道探诊可确定食管是否发生阻塞、狭窄及存在憩室和异物，另外通过胃导管可获取胃内容物进行实验室检查和投放药物、洗胃等。

（四）胃部检查

1. 瘤胃检查 将听诊器放到牛左侧肷窝部可听到瘤胃蠕动音，类似风吹或"沙沙"音，健康牛每次蠕动波持续 15～20 秒，每分钟收缩蠕动 1～3 次。瘤胃收缩次数减少、收缩力量减弱、收缩时间短，则表明瘤胃功能衰弱，见于前胃弛缓、瘤胃积食、热性病和其他全身性疾病。瘤胃触诊是将手放到牛的左肋上部，也可感知瘤胃内容物的性状和瘤胃蠕动情况。叩诊健康牛瘤胃上部为鼓音，向下逐渐变为半浊音、浊音，这和瘤胃内容物的性状及气体多少有关，大片鼓音提示臌气，大片浊音提示积食。瘤胃臌气时，上部腹壁紧张而有弹性，严重时甚至可见肷窝突出与髋结节同高；前胃弛缓时，内容物柔软，蠕动波减弱；瘤胃积食时，内容物坚硬，浊音范围扩大；瘤胃黏膜有炎症，则病牛在触诊时会躲避或抗拒触压。

2. 网胃检查 网胃位于腹腔的左前下方，第 6～7 肋间的剑状软骨之上。网胃检查主要用触诊方法判定其有无疼痛。检查时可蹲卧后用手握拳对网胃区进行强力冲击式触诊，或两人将木棍放于胸下剑状软骨突起部上抬，压迫网胃区，同时观察牛的状况，如病牛表现呻吟、不安、躲闪、反抗或企图卧下等行为时，这是网胃有疼痛敏感的特征，提示创伤性网胃炎。

3. 瓣胃检查 瓣胃在右侧腹部第 7～10 肋间，肩关节水平线上下 3 厘米。瓣胃听诊声音较弱，类似捻发音或微弱的"沙沙"声。瓣胃蠕动音减弱或消失，见于瓣胃阻塞及热性疾病等。瓣胃触诊出现疼痛反应，提示瓣胃阻塞或创伤性炎症。严重的瓣胃阻塞可见瓣胃区膨胀，触诊坚实，由于神经反射功能减退而无疼痛反应。

4. 皱胃检查 牛的皱胃位于右下腹部第 9～11 肋骨之间，沿肋骨弓区直接与腹壁接触。右侧腹壁皱胃区向外侧突出，左右腹壁显得很不对称，提示真胃严重阻塞、扩张。皱胃触诊敏感，患牛表现躲闪、呻吟、回视、后肢踢腹，见于皱胃炎、皱胃溃疡和皱胃扭转等；触诊皱胃区坚实，呈长圆形面袋状，伴有疼痛反应，见于皱胃阻塞。正常皱胃叩诊为浊音，如出现鼓音，见于皱胃扩张。皱胃蠕动音类似肠蠕动音，呈流水声或含漱声，皱胃蠕动音增强，见于皱胃炎；蠕动音减弱，见于真胃阻塞；当听到金属音时，提示真胃变位。左侧肋骨弓区听叩诊结合出现钢管音，提示真胃左方变位，应穿刺鉴别，瘤胃和网胃内容物 pH 值为碱性，镜检有纤毛虫存在，而真胃内容物为酸性，无纤毛虫。

（五）肠管检查

在健康牛右侧腹部听诊，可听到稀而短小的肠蠕动音。肠音增强，似流水状，见于急性肠炎、腹泻等；肠音减弱，见于一切热性病及消化功能障碍；金属性肠音，见于肠痉挛及肠膨胀初期；肠音消失，为肠管麻痹的表现，见于严重的肠梗阻、肠套叠及肠便秘中后期。可以采用直肠检查法进行判定。

五、泌尿生殖系统检查

（一）泌尿系统检查

牛患某些肾脏疾病时，由于疼痛明显，表现腰背僵硬、拱起，运步小心，后肢向前移动迟缓等症状。对牛泌尿系统的检查，临床上主要通过直肠检查来初步诊断，很少应用 X 线造影及超声检查。肾盂积水时肾脏增大，呈现波动状，见于输尿管严重发炎、输尿管结石等。膀胱增大且敏感，多见于尿道结石、膀胱括约肌痉挛、膀胱麻痹、前列腺肥大、膀胱肿瘤以及尿道的瘢痕和狭窄等。对尿道可通过外部触诊，直肠内触诊和导尿管探诊进行检查。触诊膀胱空虚无尿，除肾源性原因外，还见于膀胱破裂。

另外，对排尿情况观察和问诊对诊断也很有参考意义。尿频是排尿次数增多，多见于膀胱炎、尿路感染等。尿多见于慢性肾炎、糖尿病以及发热性疾病的退热期等。肾前性少尿或无尿，主要原因是机体脱水、电解质紊乱；肾原性少尿或无尿，见于肾炎、急慢性肾功能衰竭、肾结石等；肾后性少尿或无尿，见于肾盂肾炎、输尿管阻塞、膀胱破裂、尿道结石等。尿潴留，见于结石、炎性渗出物或血块等导致尿路阻塞、膀胱排尿肌麻痹、括约肌痉挛等。排尿困难和疼痛，见于膀胱炎、膀胱结石、膀胱过度膨满、尿道炎、尿道阻塞、阴道炎、前列腺炎、包皮疾病、肾盂肾炎或炎性产物阻塞肾盂。尿失禁，见于脊髓腰荐段损伤和某些脑病、昏迷、中毒等。

尿液中含有多量的胆色素时呈棕黄色，振荡后产生黄色泡沫，见于黄疸。红尿包括血红蛋白尿、肌红蛋白尿、卟啉尿及服用某些药物（如利福平）后的尿液等。血尿，见于肾脏、膀胱和尿道出血等；血红蛋白尿，见于血液原虫病、钩端螺旋体病、新生仔畜溶血病、血红蛋白尿病等。尿液浑浊，可能是尿液中含有血细胞、炎性细胞、上皮细胞、坏死组织碎片、细菌或大量黏液等，提示肾脏、输尿管、膀胱、尿道或生殖器官发生疾病。尿液有刺鼻的氨臭味，见于膀胱炎、尿潴留等；尿液带腐败臭味，见于膀胱或尿道有溃疡、坏死、化脓或组织崩解；尿液呈烂苹果味，见于酮病。

（二）生殖系统检查

1. 雄性生殖器官检查 临床中主要对包皮、阴茎、睾丸和阴囊进行检查。应注意睾丸的大小、形状、温度及有无疼痛等，以及睾丸及附睾、阴茎有无外伤、发炎、肿胀或溃烂、疼痛，以及包皮囊内有无红肿、溃疡，龟头有无炎症表现等；此外应注意阴茎、阴囊、睾丸、腹下是否水肿，后肢是否呈外展姿势，运步有无障碍等。

2. 雌性生殖器官检查 临床中对子宫、卵巢及输卵管的检查，主要应用直肠触诊法和 B 超检查。通过直肠触诊子宫，感知其质地、大小、对称性，有无炎症及异常液体的积聚，有炎症则变硬、弹性降低有疼痛反应。卵巢检查主要是查看卵巢的大小、质地，有无异常的卵泡、黄体和肿瘤，常常需要间隔 10 天再次直检，同一位置的卵泡或黄体无明显变化才能确诊。阴道检查是应用视诊方法查看阴道黏膜有无充血、出血、肿胀、干燥、创伤、溃疡或糜烂等，以及子宫颈外口开口情况和子宫分泌物的性状。

乳房检查主要通过视诊、触诊判定乳房大小、形状，乳房和乳头的皮肤颜色，有无发红、外伤、隆起、结节、脓疱、痘疹、乳腺肿瘤和乳房炎症。

六、神经系统检查

（一）颅部和脊柱检查

1. 颅部检查　颅部检查应注意其形态和大小的改变，温度、硬度以及有无浊音等。颅部异常增大，多见于先天性脑室积水；颅部骨骼变形，多见于骨软症、佝偻病、纤维性骨炎等；颅部局部增温，除因局部外伤、炎症所致外，常提示热射病、脑充血、脑膜和脑的炎症；颅部压疼，见于局部外伤、炎症、肿瘤及多头蚴病；头部摇晃，见于脑震荡、小脑共济失调等。

2. 脊柱检查　主要了解脊柱弯曲度、脊柱的形态和敏感性。脊柱上弯、下弯或侧弯，常见于脑膜炎、脊髓炎、破伤风、骨软症、氟中毒、骨折、椎间隙骨质增生、单侧骨盆骨骨折、单侧肢蹄损伤等。脊柱活动受限，见于软组织损伤、韧带劳损、骨质增生和骨质破坏等。脊柱的病变往往需要临床检查结合影像学检查来确诊。

（二）脑神经及特殊感觉检查

瞳孔扩大，见于牛高度兴奋、恐怖、剧烈疼痛性疾病及应用阿托品等药物；瞳孔缩小，见于脑膜脑炎、脑室积水、脑出血、槟榔碱中毒、有机磷中毒等；两侧瞳孔大小不等，常见于脑外伤、脑肿瘤、脑膜脑炎等。听觉迟钝或完全缺失，除因耳病所致外，也见于延脑或大脑皮质颞叶受损；听觉过敏，可见于脑和脑膜疾病、破伤风、神经型酮病等。前庭方面发生疾病，主要临床特征包括共济失调、眼球震颤、头斜向病侧、身体朝向病侧做圆圈运动，可怀疑肿瘤。舌咽或迷走神经麻痹，见于咽炎、延髓麻痹、狂犬病、肉毒梭菌毒素中毒及慢性铅中毒等。

（三）运动功能检查

1. 强迫运动　即不受意识支配和外界环境影响，出现强制性的运动，表现盲目运动、暴进暴退等，有时还会出现一侧颈部肌肉瘫痪或紧张使颈部弯曲。脑包虫、脑肿瘤等占位病变时，呈转圈运动。

2. 共济失调　指肌肉收缩力正常，但在运动过程中，各个肌群的动作互相不配合、不协调，使得病畜的体位、运动方向、顺序、匀称性及着地力量等发生改变。体位平衡失调，表现在静止站立状态下不能保持体位平衡，提示小脑、前庭神经或迷走神经的疾病。运动性失调，表现站立时共济失调不明显，而在运动过程中呈现步态不稳、躯体摇晃、运步时举蹄过高、过分地伸向前方或侧方、踏地很重等，提示大脑皮质、小脑、前庭神经或脊髓病变。

3. 痉挛　临床上根据病情分为阵发性痉挛和强直性痉挛，是横纹肌不随意收缩所致。阵发性痉挛，见于脑炎、有机磷、食盐中毒，低血钙，青草搐搦等。强直性痉挛，主要是大脑皮层抑制，皮层以下运动中枢受刺激所致，表现牙关紧闭、瞬膜外突、角弓反张等。

4. 瘫痪（麻痹）　分中枢神经和外周神经瘫痪。中枢神经瘫痪指脑、脊髓高级运动神经的病变，如各种原因引起的脑炎、脊髓炎等。外周神经瘫痪指外周神经病变，如面神经麻痹。

（四）感觉功能检查

感觉功能的检查包括浅感觉、深感觉和特殊感觉的检查。

1. 浅感觉检查　浅感觉是指皮肤和黏膜感觉，包括痛觉、触觉、温觉等。感觉过敏，提示脑膜和脊髓膜炎、脊髓背根损伤、视丘损伤或末梢神经发炎、受压等；感觉减退及缺失，见于神经麻痹、脊髓压迫及炎症、多发性神经炎及各种疾病所引起的精神抑制和昏迷；感觉异常指不受外界刺激影响而自发产生的异常感觉，见于狂犬病、伪狂犬病、脊髓炎、多发性神经炎、神经型酮病等。

2. 深感觉检查　深感觉（本体感觉）是指位于皮下深处的肌肉、关节、骨、腱和韧带等的感觉。深感觉障碍多同时伴有意识障碍，提示大脑或脊髓病变，如慢性脑室积水、脑炎、脊髓损伤、严重肝昏迷及中毒等。临床检查深感觉时，是人为地使牛的四肢采取不自然姿势，如使牛的两前肢交叉站立，或将两前肢广为分开，或将前肢向前远放等，以观察牛的反应。健康牛能自动迅速恢复自然姿势，而深感觉发生障碍的患牛可在较长时间内保持人为的姿势。

3. 特殊感觉检查　特殊感觉主要是检查感觉器官。临床上有价值的是检查牛的瞳孔变化。

（五）反射功能检查

反射减弱或反射消失常提示传入神经、传出神经、脊髓和脑受损，也可见于中枢神经兴奋性降低。反射增强或亢进，常提示脊髓受损和受压、外周神经炎和脊髓膜炎等。全身反射亢进，见于破伤风、硝酸士的宁中毒、有机磷中毒、狂犬病等。

七、常用治疗方法

（一）常用给药途径

1. 口服　将药物经口服或用胃管经口灌服给药，主要在小肠吸收。

2. 注射给药　将药物通过皮下、肌内、静脉和腹腔注射进入体内，临床上常用。

3. 直肠、阴道及乳头管内注入　主要目的是让药物局部发挥作用。

4. 皮肤、黏膜用药 主要发挥药物的局部作用，以治疗皮肤、黏膜疾病或消灭体表的寄生虫。

5. 呼吸道给药 气体或挥发性药物、气雾剂可采用呼吸道吸入法给药，或通过仪器雾化后给药。

（二）补液疗法

补液疗法中常用液体大致分为 2 种：①非电解质液。5%～10%葡萄糖注射液。可补充由呼吸、皮肤蒸发所失水分及排尿丢失的液体，纠正体液高渗状态，不能补充体液丢失。②等渗含钠溶液。如生理盐水、林格氏液。主要功能是补充体液损失，纠正体液低渗状态及酸碱平衡紊乱。临床上经常是根据患牛不同状况将上述两类溶液配合应用。此外还有胶体性溶液，如代血浆、白蛋白和血液等。

1. 口服补液 是最常用补液方法。常用口服补液盐，其配方是氯化钠 3.5 克、碳酸氢钠 2.5 克、葡萄糖 20 克，加水至 1 000 毫升后自由饮用。口服补液盐对急性腹泻脱水疗效显著，常用于静脉补液后的维持治疗。

2. 静脉补液 主要应用于不能经口摄入或经口摄入不足，难以维持生理需要，如昏迷、脱水病牛；需要迅速补充有效血容量，如各种休克、脱水、失血；危重病牛的抢救治疗；需要输液维持尿量、防止肾功能衰竭；补充营养和热量；输入治疗药物和促进毒物排出体外等。应用范围很广，是临床上最常用治疗技术。

（三）洗胃疗法

洗胃目的是彻底清除误食的毒物，排空胃内食物，对毒物进行鉴定等。牛发生急性中毒后，除吞服腐蚀剂（强酸、强碱等）类毒物外，尽可能在 6 小时内迅速、彻底洗胃；超过 6 小时以上者，也要争取洗胃。插入胃导管后，首先抽取胃内容物送检，再接电动洗胃器或洗胃漏斗，注入洗胃液反复冲洗，直到洗出液透明无药味为止，最后加入泻药（一般为 25% ～ 50% 硫酸镁），促进毒物排出。通常根据吞服的毒物，选择 1∶5 000 高锰酸钾溶液、2% 碳酸氢钠溶液、生理盐水或温开水作为洗胃液。洗胃时首先要投放胃导管，其投放方法如下：

1. 投放胃导管方法 选择适宜的胃导管，将牛保定确实。胃导管涂布润滑剂，经鼻孔插入至咽喉部，适当抽插刺激牛产生吞咽动作，在牛吞咽的同时，适时将胃导管插进食道内并继续深插到颈部下 1/3 处。确定胃导管是否准确无误地插入食道的方法有多种，一般要在胃导管通过咽部下插到颈部上 1/3 处就需要进行判断：①如果插入气管内，牛会咳嗽，插入食道内则无咳嗽。②将胃导管末端放到耳部听，如无声音表明插入食管内，如果能听到呼吸音或（和）感觉到和呼吸一致的气流时，则说明插入气管内。③将胃导管末端插入清水内，无气泡冒出，则在食道内，如有气泡冒出，则在气管内。④用嘴将胃导管的一端使劲吸气后，将胃管口立刻紧贴于嘴唇上，如在食道内，则可吸住嘴唇；在气管内，则吸不住嘴唇。⑤闻一闻胃导管末端的气味，如果有胃内容物气味，则在食道内。⑥用嘴对着胃导管使劲吹一口气，如果在吹气的同时看到颈部下 1/3 处有鼓起，或者牛左侧肷部随着吹气的同时向外鼓起，则说明胃管在食道内，否则在气管内。⑦体格小的牛，甚至可以通过触摸食道，摸到胃导管的存在。只有确定胃导管在食道内时，方可实施食道探诊，或其他方案如投服药物、排出内容物及气体、洗胃等操作。操作完毕后，必须折叠胃导管末端或堵塞胃导管口，缓缓抽出胃导管，防止残留在胃导管中的胃内容物或药物误入气管。用完的胃导管清洗后放在 2% 煤酚皂溶液中浸泡消毒，清洗后备用。

2. 洗胃注意事项 毒物不明时，应抽取胃内容物，及时送检，同时选用温开水或生理盐水洗胃，毒物性质明确后，再采用对抗剂洗胃；强腐蚀性毒物中毒时，禁止洗胃，一般给予物理性对抗剂保护胃黏膜，如牛奶、蛋清、米汤、豆浆等；掌握每次的灌洗量；洗胃过程中密切观察病情变化，配合抢救。

（四）灌肠疗法

灌肠疗法是用导管自肛门经直肠插入结肠灌注液体，以达到刺激肠蠕动，软化、清除粪便，治疗肠道感染或便秘；为手术或直肠、结肠X线摄影做准备；为检查胎儿或分娩做准备；稀释并清除肠道内的有害物质，减轻中毒；降温；供给药物、营养、水分等。但是急腹症、消化道出血、妊娠、严重心血管疾病等不宜灌肠。灌肠法分为大量不保留灌肠、小量不保留灌肠、保留灌肠和清洁灌肠。

1. 大量不保留灌肠　溶液为 0.1%～0.2% 肥皂水、生理盐水。温度以 39～41℃为宜，中暑降温时可用 4℃生理盐水。

2. 小量不保留灌肠　溶液选用"1、2、3"灌肠溶液，即按照 50% 硫酸镁 15 毫升（1 份）、甘油 30 毫升（2 份）、温开水 45 毫升（3 份），根据牛体重配制灌肠溶液总量；或选用甘油或液体石蜡加等量温开水；或各种植物油进行灌肠。溶液温度为 38℃。

3. 保留灌肠　肠道抗感染使用 2% 小檗碱、0.5%～1% 新霉素或其他抗生素等。灌肠液量 200～500 毫升，温度 39～41℃。

4. 清洁灌肠　多用肥皂水灌肠，然后用生理盐水灌肠数次，直至排出液清晰无粪便为止。

（五）封闭疗法

封闭疗法适用于全身各部位的肌肉、韧带、筋膜、腱鞘、滑膜的急慢性损伤，骨关节病，脓肿和蜂窝织炎发病初期亦适用。常用药物为：1%～2% 普鲁卡因或 0.5%～1% 利多卡因，配合类固醇激素（如氢化可的松、地塞米松）以及青霉素类抗生素。

常用的封闭方法有痛点封闭、鞘内封闭、硬膜外封闭、神经根封闭等。封闭疗法的关键是诊断要确实，找到压痛点非常重要。一般小的表浅部位的封闭，在压痛点中心进针，注入药物。较深部位的封闭，应找准压痛点，刺入皮肤、皮下组织直达病变部位，经抽吸无回血后将药物注入。对脓肿、蜂窝织炎和乳房炎的治疗，应在病灶周围做环形封闭，切勿直接注入病灶中央。

（六）引流疗法

引流疗法适应于皮肤和皮下组织切口严重污染，经清创仍不能控制的感染；脓肿和蜂窝织炎切开排脓后，通过引流而促使后续形成的脓液或分泌物不断排出，使脓腔逐渐缩小而愈合；手术部位有渗血或内容物长期漏出等。可以用纱布条或胶管引流。纱布条引流是将纱布条涂布软膏或浸泡防腐消毒液，放置于腔内引流。缺点是在几小时内纱布条吸附创液而饱和，或者创液和血凝块沉积在纱布条上，阻止进一步引流。胶管引流是使用剪出许多小孔的乳胶管作为引流管。

在创伤缝合时引流，将引流管插入创内深部，缝合创口，引流的外部一端缝到皮肤上。引流出口应尽可能处于体位下端，利于排液。引流管要每天清洗，以减少感染机会。对脓肿的引流，是在脓肿波动感最明显部位的最低处切开，开口大小1～3厘米，切开后排脓、清洗、消毒，然后放置纱布条或胶管引流，每天要冲洗、消毒，置换引流管。防止引流管拉出创外，并根据病情，适当进行全身治疗。

（七）穿刺疗法

穿刺分为穿刺检查和穿刺治疗。穿刺检查是将穿刺针刺入牛体的某一体腔、器官或部位，来验证其内有无病理产物，并采取其腔内病理产物或活组织进行详细检查，或者向体腔内注入气体或造影剂做造影检查诊断疾病的方法。穿刺治疗是利用穿刺术向动物的体腔或器官穿刺，放出其内部的气体、液体、分泌物，然后向内注入药物，达到治疗作用的方法。常用穿刺术有以下几种：脑或脊髓腔穿刺术、胸部体腔穿刺术、腹部体腔和脏器穿刺术、骨髓穿刺术、淋巴结穿刺术、关节腔穿刺术和血管穿刺术。现介绍3种穿刺疗法：

1. 瘤胃穿刺放气　将患牛站立保定。穿刺部位选择左肷窝中部或臌气的最高处。方法是局部剪毛消毒，切开皮肤1～2厘米，将套管针头向右侧肘的方向快速刺透皮下组织及瘤胃壁，左手固定套管针，右手拔出套管针芯，放出瘤胃内气体，放气过程中尽可能用手下压套管针和穿刺部位皮肤，使腹壁紧贴瘤胃，防止瘤胃内容物漏出到腹腔内。放气完毕后，可从套管针孔注入消沫止酵药。最后用左手指压紧皮肤，右手将套管针芯再插入套管中，然后迅速拔出套管针，缝合穿刺部位皮肤，然后碘酊消毒。

2. 腹水穿刺排出　对病牛采取站立保定，穿刺部位选择在腹下最低点，腹白线右侧2～3厘米处。穿刺前对术部剪毛消毒，然后用穿刺套管针或20号针头垂直刺入皮肤，推进深度2～3厘米，放出腹水。术后消毒，必要时包扎。腹腔穿刺根据病因的不同，也可以经针管向腹腔内注入药物。

3. 关节腔穿刺疗法　将病牛站立或侧卧保定，保定必须确实，以免穿刺时损伤关节软骨。由于各关节的结构不同，所以各关节腔穿刺方法也略有不同，穿刺时要多加注意。穿刺针用12～16号针头，穿刺前必须严格消毒关节皮肤。针刺入关节腔后即有关节液流出，若无液体流出，可压迫关节囊或用注射器抽吸，但不可过深刺入关节腔内。放出关节液后，注入药物，以起到更好的局部治疗作用。穿刺完毕后，仍要严格消毒皮肤。

（八）去　角　术

犊牛在2～8周龄应去角，去角方法有烧烙法和腐蚀法2种。

1. 烧烙法　将电热去角器加热后，在角基周围烧烙，造成角及生发上皮灼伤，防止角的继续生长。术后几天内要避免痂皮被摩擦掉，否则可再次烧烙止血。

2. 腐蚀法 先将角基处的毛剪掉，周围涂上凡士林，用氢氧化钠（烧碱）棒沾水后在角的突起部反复研磨，直到微出血为止，但不要摩擦过度，以防出血过多。摩擦后，在角基上撒一层消炎粉，防止感染。

（九）去 势 术

1. 刀切法 局部麻醉后，将牛保定确实，用碘酒消毒阴囊，一只手握住阴囊上部，防止睾丸缩回，另一只手用灭菌手术刀在阴囊底侧面（离阴囊缝 1～2 厘米）处切口，大小以能挤出睾丸为准，将睾丸和精索一同挤出切口外，用缝线结扎精索和血管，然后用手术剪剪断精索，还纳回阴囊内。然后在阴囊中隔膜上切一小口，用同样方法取出另一侧睾丸。术毕缝合切口，局部碘酒消毒。

2. 结扎法 此法适用于新生犊牛。将幼畜睾丸挤进阴囊里，用橡皮筋或细绳紧紧地结扎在阴囊的上部，断绝睾丸的血液供应，经 15 天左右，阴囊及睾丸萎缩后会自动脱落。

此外，还有药物去势法（又名化学去势法）和无血去势法，现在已很少采用。

（十）直肠检查技术

将牛保定确实，术者站于正后方，手臂戴上一次性长臂手套，涂上润滑剂，将手指集聚成圆锥状，缓慢旋转通过肛门、伸入直肠，当直肠内有宿便时，应将其纳入掌心取出；如膀胱过度充盈，应轻轻按摩以促其排空，不能自排时，可人工导尿。检手应徐徐沿肠腔方向伸入，尽量使肠管更多的套在手臂上，以便于活动进行深部检查。当患畜努责时，检手必须停止前进。检查腹腔器官时宜缓慢小心，切勿粗暴。当患畜频频努责时，应暂停检

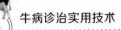
查，并由助手在牛腰荐部使劲捏压，待患畜安静后肠壁弛缓时再行继续检查。

　　直肠检查除了用于腹腔内消化系统的肠管、瘤胃和皱胃的检查外，还可用于人工配种、发情鉴定、妊娠诊断以及母牛生殖系统疾病和泌尿系统疾病的检查。检查腹腔脏器时宜缓慢小心，切勿粗暴。

第二章

传 染 病

一、口 蹄 疫

口蹄疫是由口蹄疫病毒引起的偶蹄动物共患的急性、热性、高度接触性传染病。以口腔黏膜、蹄部及乳房等处皮肤发生水疱和溃烂为主要特征。

【病 原】 本病的病原体为具有多型性及变异性的口蹄疫病毒，血清型有 A、O、C、南非 1、南非 2、南非 3 和亚洲 1 型 7 个主型，每一个主型又分若干亚型。各型之间没有相互交叉免疫性，同一血清型的各亚型之间仅有部分交叉免疫性。病毒对外界的抵抗力很强，自然条件下可存活数周至数月，低温存活时间更长，高温和阳光对病毒有杀灭作用。病毒对碱和酸敏感，1%～2% 氢氧化钠、福尔马林均为很好的消毒剂，pH 值低于 6 则很快死亡。

【流行特点】 病畜及发病初期动物是主要传染源，病毒主要存在于水疱皮和水疱液中，粪、尿液、乳汁、呼出的气体和精液也带毒。传染途径主要为消化道和呼吸道，也可经损伤的皮肤和黏膜而感染。本病流行无明显季节性，秋末冬春多发，夏季发生较少。

【临床症状】 潜伏期 2～5 天。病牛体温 40～41℃，精神萎靡，食欲减退，内唇、齿龈、舌面和颊部黏膜发生水疱，流涎呈白色泡沫挂于嘴边，趾间和蹄冠部皮肤及乳房、鼻镜部也发生水疱，水疱破裂后形成红色烂斑，如无继发感染很快愈合。但牛的恶性口蹄疫可侵害心肌，死亡率较高。犊牛患病时水疱常不明显，主要表现为出血性肠炎和心肌麻痹，死亡率更高。

【病理变化】 患牛口腔、蹄部、乳房、咽喉、气管和前胃黏膜发生水疱、烂斑。真胃和大小肠黏膜可见出血性炎症。心肌切面有灰色或淡黄色的斑点或条纹，如虎斑状，因而称作"虎斑心"。

【诊　断】 根据该病的流行病学、临床症状和病理剖检特征，可初步做出诊断。确诊或与其他疫病鉴别需进行毒型鉴定。

【防　控】 发生口蹄疫时，及时确诊，并立即上报疫情，划定疫点、疫区和受威胁区，分别进行封锁和监督。捕杀患病及同群动物，并进行无害化处理；场地、圈舍、用具、物品严格彻底消毒，疫区禁止动物、动物产品移动；进出入人员、车辆进行消毒；疫区及受威胁区易感动物紧急接种与流行毒型相同的疫苗。疫点内最后一头患病动物扑杀后，21天内无新病例出现，经彻底消毒，报上级机关批准，可解除封锁，但应限制病愈动物的流动，1年内不得到非疫区，以免传染本病。

二、牛　瘟

牛瘟又名烂肠瘟、胆胀瘟，是由牛瘟病毒所引起的一种急性高度接触性传染病。其临床特征为体温升高，黏膜（尤其是消化道黏膜）发炎、出血、糜烂和坏死。

【流行病学】 牛瘟主要侵害奶牛和水牛，牦牛易感性最大，其次为犏牛、黄牛。本病的流行无明显季节性。在老疫区呈地方流行性，在新疫区通常呈暴发式流行，发病率和死亡率都很高。本病通过直接和间接接触传播。病畜和无症状的带毒畜是本病的主要传染源，也可通过吸血昆虫以及与病牛接触的人员等而机械传播。

【临床症状】 潜伏期3~9天，大多为4~6天。病牛体温突然升高达41~42℃，持续3~5天。病牛精神沉郁，食欲不振，反刍缓慢或停止，粪便少而干，呼吸、心跳均增数，眼睑肿胀，流泪，鼻黏膜充血，有黏性鼻液，口腔黏膜充血、流涎，上下唇、齿龈、软硬腭、舌、咽喉等部形成假膜或烂斑。体温下降后则腹泻，粪便恶臭，混有血液、黏液、假膜等。尿少，呈淡黄色或暗红色。病牛后期迅速消瘦，呼吸困难，全身震颤，卧地不起，衰竭而死。病程7~10天，病重的3~5天，有时2~3天死亡。

【病理变化】 在消化道黏膜特别是皱胃幽门部周围最明显，可见到灰白色上皮坏死斑、假膜、烂斑等。小肠黏膜高度潮红、肿胀、充血、点状或条状出血，盲肠、直肠黏膜严重出血、假膜糜烂。心内、外膜出血，心肌柔软。呼吸道黏膜潮红肿胀、出血，鼻腔、喉头、气管黏膜覆有假膜，其下有烂斑。

【诊　断】 本病可根据临床症状、病理变化和流行病学进行初步诊断，但在非疫区确诊还必须进行病毒分离、鉴定或血清学试验。

【防　治】 严格执行检疫措施防止本病的传入。当发现本病疑似病例时，应立即封锁疫区，并向上级兽医行政主管部门报告，待有关部门定性确诊后，扑杀病牛，并做无害化处理，彻底消毒被病牛污染的环境。同时要在疫区和邻近受威胁地区进行预防接种，建立免疫防护带。对病牛早期静脉注射抗牛瘟高免血清，可收到治疗效果。除此之外，无有其他药物可以治疗。

三、伪狂犬病

牛伪狂犬病是由疱疹病毒引起的以局部狂痒和中枢神经紊乱为特征的一种急性热性非接触性传染病。其临床特征是体温升高、奇痒和神经症状。

【流行病学】 多发生于6月龄至4岁龄的牛。带毒者是猪和褐鼠，病毒通过病猪的鼻分泌物污染的饲草、饲料和饮水，经消化道感染，或病猪啃咬、顶拱擦伤牛的皮肤经伤口感染。牛食入了被褐鼠污染的饲料也可感染。褐鼠能将病毒由一个饲养场传染给另一个饲养场，是重要的传染媒介。传染途径主要是伤口。

【临床症状】 一般2～6天出现临床症状。急性病例，大多在一侧的腹胁部或后腿或身体其他部位出现奇痒，体温高达40.6～41.7℃，由于奇痒，病牛于柱栏或墙壁上摩擦患部，致使局部脱毛及皮肤擦破、出血。病牛食欲下降，精神沉郁，呼吸困难，心律不齐，流涎，狂暴不安，共济失调，有明显的肌肉震颤和痉挛，惊厥、磨牙、出汗。病初有短期的体温升高，随后很快下降至常温或更低。后期四肢无力，直到麻痹时大量流涎，最后死亡。

【病理变化】 剖检可见损伤部位明显水肿和出血。肺水肿，浆膜表面有弥漫性出血点。中枢神经血管充血。从感染的脊髓神经节到延脑的水平线通常存在着神经元变性和坏死，血管周围可见淋巴细胞和单核细胞积聚。

【诊 断】 典型病例根据奇痒及后期麻痹而死亡诊断并不困难。确诊应给家兔皮下接种感染的乳化脊髓，如为本病，则注射部位于48～72小时内发痒，病兔不断啃咬注射部位，以致皮肤脱毛流血，出现奇痒后于1～2日内死亡。

【治 疗】 早期应用抗伪狂犬病高免血清治疗有较好的疗效。目前尚无其他有效治疗方法或药物，可试用4%美蓝生理盐水溶液静脉输液进行治疗。

四、布鲁氏菌病

布鲁氏菌病简称布病，是由布鲁氏菌引起的以感染家畜为主的人兽共患传染病。在家畜中牛、羊、猪最常发生，其特征是生殖器官和胎膜发炎，引起流产、不育和各种组织的局部病灶。

【病　原】 布鲁氏菌为革兰氏阴性小杆菌，本菌属有6个种、15个生物型。其抵抗力较强，冷暗处，在胎儿体内可活6个月，干燥土壤内存活37天，加热60℃或日光下暴晒10～20分钟可被杀死。常用消毒剂如1%来苏儿、2%福尔马林或5%生石灰15分钟，0.1%升汞数分钟均可杀灭。

【流行特点】 多种动物对布鲁氏菌易感，其中羊、牛、猪易感性最强。该病的传染源主要是发病及带菌羊、牛、猪，其次是犬及野生动物，可波及人类。主要经消化道、呼吸道，也可通过损伤的皮肤、黏膜等感染，吸血昆虫可以传播本病，常呈地方性流行。

【临床症状】 患牛多为隐性感染，较为常见的是母牛感染后，初期病菌定居于局部淋巴结，随后扩散，乳房、子宫、关节为其主要侵害部位。有弛张热，妊娠母牛的流产多发生于妊娠后6～8个月，流产后常伴有胎衣滞留，阴唇和阴道黏膜红肿，流出淡褐色或红黄色无臭黏液，往往伴发子宫内膜炎，甚至子宫积脓而成为不孕症。病牛常发生关节滑囊炎、关节肿胀，主要侵害跗关节和腕关节，也会发生乳房炎和睾丸炎。

【病理变化】 主要病变为生殖器官的炎性坏死，淋巴结、肝、肾、脾等器官形成特异性肉芽肿。有的可见关节炎。胎儿主要呈败血症病变，浆膜有出血点和出血斑，皮下结缔组织发生浆液性、出血性炎症。

【诊　断】 根据流行病学资料，结合临床发生流产、胎盘滞留、关节炎或睾丸炎等特征可初步做出诊断。确诊常用虎红平板凝集试验、全乳环状试验、试管凝集试验、补体结合试验等血清学方法。近年来，出现一些新方法，如间接血凝试验、抗球蛋白试验、酶联免疫吸附试验及荧光抗体法及PCR等。

【防　治】 预防和控制布鲁氏菌病，实行非疫区以监测为主，疫区以免疫为主，控制区以监测、扑杀和免疫相结合；稳定控制区以监测、扑杀和免疫相结合，逐步净化为主的综合防治措施。采用流行病学调查、血清学方法、病原分离的监测方法对牛群每年进行 2 次监测，同时疫区内易感牛全部选用牛布鲁氏菌苗免疫，控制区、稳定区内易感畜仍要积极进行免疫。在消灭布鲁氏病过程中还要加强兽医卫生措施，做好消毒工作及污染物的无害化处理。

发现布鲁氏菌病病牛，要严格隔离或淘汰。

五、副 结 核

副结核病，也称副结核性肠炎，是由副结核分枝杆菌引起的牛的一种慢性传染病，偶见于羊、骆驼和鹿。患病动物的临床特征表现为慢性卡他性肠炎、顽固性腹泻，致使机体极度消瘦；剖检可见肠黏膜增厚并形成皱襞。

【病　原】　副结核分枝杆菌为分枝杆菌属，革兰染色阳性。该菌主要存在于患病动物及隐性感染动物的肠壁黏膜、肠系膜淋巴结及粪便中，多成团或成丛排列。

该菌对热和消毒药的抵抗力较强，在污染的牧场、粪便中可存活数月至 1 年，直射阳光下可存活 10 个月，但对湿热的抵抗力弱，60℃ 30 分钟、80℃ 15 分钟即可将其杀灭。此外，3%～5% 苯酚溶液、5% 来苏儿溶液、4% 福尔马林溶液 10 分钟可将其灭活，10%～20% 漂白粉乳剂 20 分钟，5% 氢氧化钠溶液 2 小时也可杀灭该菌。

【流行病学】　副结核分枝杆菌主要感染牛，特别是幼年牛更易感。病牛和隐性感染牛是传染源，可通过乳汁、粪便和尿液排出大量的病原菌。该菌的抵抗力较强，可在外界环境中存活很长时间，污染用具、草原、饮水和草料等，通过消化道侵入健康牛体内而引起感染；妊娠母牛可经胎盘传染给犊牛。多数牛在幼龄时感染，经过很长的潜伏期，到成年时才表现出临床症状。饲料中缺乏维生素和矿物质能促进本病的发展。

本病的流行特点是发展缓慢，发病率不高，病死率极高，并且一旦在牛群中出现则很难根除。在污染牛群中病牛数目通常不多，各病例的发生和死亡间隔较长，因此本病表面上看似呈散发性，实际上则为一种地方流行性疾病。感染牛群的死亡率可达2%～10%，偶尔可达到25%。

【临床症状】 本病的潜伏期很长，可达6～12个月，甚至更长。有时幼年牛感染直到2～5岁时才表现临床症状，妊娠、分娩、泌乳或营养缺乏等诱因存在时更易发病。该病的病程很长，为典型的慢性传染病。发病初期往往没有明显的症状，以后症状逐渐明显，出现间歇性腹泻，逐渐变为经常性的顽固性腹泻。粪便稀薄，恶臭，有时带有气泡、黏液和血液凝块。早期食欲、精神均正常，之后食欲减退，逐渐消瘦，眼窝下陷，经常躺卧，不愿走动。泌乳逐渐减少，最后完全停止。皮肤粗糙，被毛粗乱，下颌及皮肤下垂部位水肿。体温常无明显变化。有时病情可能一度好转，腹泻停止，排泄物正常，体重也有所恢复，但随后可能再度发生腹泻。如给予多汁饲料可加重腹泻症状。如腹泻不止，一般经3～4个月因腹泻衰竭而死。

【病理变化】 剖检可见病牛尸体极度消瘦，主要的病理变化在消化道和肠系膜淋巴结。空肠、回肠和结肠前段，尤其是回肠，其浆膜和肠系膜显著水肿，肠黏膜增厚达3～20倍，并形成明显的皱褶，黏膜呈黄色或灰黄色，皱褶突起处常呈充血状，并附有黏稠而浑浊的黏液，但通常无结节、坏死或溃疡病灶。有时从外表观察肠道并无明显变化，切开后则可见肠壁明显增厚。浆膜下淋巴管和肠系膜淋巴管肿大呈索状，淋巴结切面湿润，表面有黄白色病灶，有时呈干酪样病变。

【诊　断】 根据流行病学、临床症状和病理变化，一般不难做出初步诊断。但顽固性腹泻和渐进性消瘦也可见于其他疾病，如淀粉样变性、球虫病、铅中毒、营养不良等，因此确诊必须进行实验室的鉴别诊断。

1. 病原学检查 对出现临床症状的病牛，最好直接取粪便中的黏液、直肠黏膜及其刮取物，或取病牛尸体回肠末端与附近肠系膜淋巴结或回盲瓣附近的肠黏膜制成涂片，经抗酸染色法染色后镜检，如见有抗酸性着色的细小杆菌，成堆或丛状排列，则可诊断为本病。必要时进行副结核分枝杆菌的分离培养。也可应用 PCR 方法进行诊断。

2. 血清学试验 补体结合反应是最早用于本病诊断的血清学方法。此外，也可用 ELISA 方法进行诊断。

【防 治】 本病尚无特效的治疗药物。预防应加强饲养管理，搞好环境卫生和消毒，强化检疫。无该病的地区或养殖场禁止从疫区引进种牛，必须引进时则应进行严格检疫，确认健康无本病时方可混群。该病污染的地区或养殖场，应在随时观察和定期检疫的基础上，所有牛只每年进行 4 次（间隔 3 个月）变态反应或酶联免疫吸附试验检疫，连续 3 次检疫不出现阳性反应者，可视为健康牛群。检疫阳性者应按照不同情况采取不同方法处理：即有明显临床症状的开放性病牛或细菌学检查阳性的病牛应及时扑杀处理，对妊娠后期动物则可在严格隔离、保证不散播病菌的前提下于产犊后 3 天扑杀处理；对变态反应阳性牛，要采取集中隔离、分批淘汰的方法。隔离期内要加强临床检查和细菌学检查，发现有临床症状或细菌学检查阳性者，及时扑杀处理；变态反应疑似牛，应每隔 15～30 天检疫 1 次，连续 3 次检查的疑似牛可酌情处理。

在检疫的基础上，应加强环境消毒。病牛用过的圈舍、栏杆、饲槽、用具、绳索和运动场等，要用生石灰、来苏儿、氢氧化钠、漂白粉、石炭酸等消毒药进行喷雾、浸泡或冲洗消毒。粪便应堆积高温发酵后用作肥料。

六、牛传染性鼻气管炎

牛传染性鼻气管炎，又称"坏死性鼻炎""红鼻病"，是由牛传染性鼻气管炎病毒引起的一种急性、热性、接触性传染病，表现上呼吸道及气管黏膜发炎、呼吸困难、化脓性鼻气管炎，还可引起生殖道感染、结膜炎、脑膜脑炎、流产、乳房炎等症状。

【病　原】　本病病原为疱疹病毒科、甲型疱疹亚科、水痘病毒属成员，只有一个血清型。对寒冷有抵抗力，-70℃保存可存活数年，4℃可存活30天；对热敏感，56℃20分钟可灭活。在酸溶液中不稳定。对一般常用消毒剂均敏感。

【流行特点】　本病主要感染牛，并多见育肥牛和奶牛，犊牛最易感，病死率也高。病牛和隐性带毒牛为主要传染源，常通过空气经呼吸道传染，交配也可感染，也能经胎盘感染而引起胎儿死亡和流产。本病多发生于秋冬季。

【临床症状】　本病潜伏期一般4～6天，有时可达20天以上，较为多见病型是呼吸道感染，伴有结膜炎、流产和脑膜脑炎，其次是生殖道感染。

1. 呼吸道型　病初出现高热，39.5～42℃，精神沉郁，拒食，鼻腔有大量黏液脓性分泌物，鼻黏膜充血、糜烂，鼻镜红，眼流泪，呼吸困难，咳嗽，妊娠中后期母牛流产。多数病程10天以上，感染率75%以上，病死率10%以下。

2. 生殖道型　也称传染性脓疱性外阴阴道炎或交合疹，由配种传染。母牛均可感染发病。母牛阴门、阴道发炎充血，阴门黏膜形成脓疱、溃疡，有灰色坏死膜。公牛包皮、阴茎上出现脓疱、糜烂。如无细菌继发感染，10～14天开始恢复。

3. 脑膜炎型　主要发生于犊牛，表现为脑炎症状，病程短，多归于死亡。

【病理变化】　呼吸道型表现呼吸道黏膜高度发炎，有浅溃疡；

咽喉、气管黏膜附着腐臭、黏脓性渗出物，可见化脓性肺炎或纤维素性肺炎。呼吸道上皮细胞中有核内包涵体；脾脓肿；肝肾包膜下有灰黄色坏死灶；真胃黏膜发炎、溃疡，小肠出现卡他性炎症。生殖道感染型则可见局部黏膜表面形成小脓疱，流产胎儿的肝、脾有局部坏死，皮肤水肿。脑膜炎型可见淋巴细胞性脑膜炎。

【诊　断】　根据病史和症状可做出初步诊断。确诊需采取发热期鼻液、流产胎儿胸腔液、胎盘子叶进行病毒分离，再用血清学方法如中和试验、荧光抗体来鉴定。间接血凝、琼脂扩散试验、酶联免疫吸附试验也可作为诊断方法。核酸探针、PCR 技术检测潜伏病毒有较好效果。

【防　治】　严格检疫，不从发生疫情的地区或国家引进牛和精液。对抗体阳性牛采取扑杀政策。发生本病时应采取封锁、检疫、扑杀病牛和感染牛、消毒等综合性防治措施，对疫区和受威胁牛群进行疫苗接种。

目前可使用的疫苗有 3 种：弱毒疫苗、灭活疫苗和亚单位疫苗。免疫过的牛不能阻止野毒感染和潜伏病毒的持续感染，只能起预防临床发病的效果。因此，采用 PCR 技术检出阳性牛并予以扑杀是目前根除本病的唯一有效途径。

七、牛传染性胸膜肺炎（牛肺疫）

牛传染性胸膜肺炎又称牛肺疫，是由丝状支原体引起牛的高度接触性传染病，以纤维素性肺炎和胸膜炎为特征。

【病　原】　本病病原为丝状支原体亚种，菌体呈多形性，无血清学差异。对寒冷有抵抗力，真空冻干 -20℃可存活 10 年以上；对热敏感，直射阳光几小时、60℃水中 5 分钟能将其杀灭。常见消毒剂均能迅速使其失活。

【流行特点】　任何年龄和品种的牛均易感，病牛、康复牛和无症状带菌牛是主要传染源。病牛通过呼出带菌气体传播。健康牛也可通过被污染的饲料、饮水经口感染。

【临床症状】 急性型多发生于流行初期，体温升高 40～42℃，呼吸加快而困难，呈腹式呼吸，往往在呼气时发出呻吟声。头颈伸直，前肢开张。按压肋间有痛感，咳嗽增多并表现痛苦。有时还有浆液性或脓性鼻液流出。常有臌气、腹泻和便秘交替发生。体况迅速下降，呼吸更加困难，呻吟，有时口鼻流出白沫，伏卧，伸颈，体温下降，最终死亡。

【病理变化】 急性病牛胸腔积有浆性纤维素性渗出物，肺膜与胸膜常粘连，肺表面有大量纤维素，肺小叶增宽，间质水肿，小叶充血、出血、水肿，呈灰红色、灰白色肝变及坏死等不同变化，切面为大理石样外观。肺部淋巴结肿大出血，肺炎，肺组织纤维化，局部肺组织呈肉样变、坏死、液化及被结缔组织包围形成包囊，病程长或病后期可见与胸膜粘连。心包膜变厚，常与肺粘连，心包积水，脾肿大。

【诊 断】 根据流行病学、临床症状和病理变化可做出初步诊断，确诊可取鼻拭子、胸腔液、淋巴结、肺病变组织进行病原的分离鉴定，也可用荧光抗体、琼脂扩散试验、血凝试验等血清学试验及 PCR 等方法。

【防 治】 若发现病牛及血清阳性牛，及时扑杀销毁，彻底消毒，疫区和受威胁区牛群应及时进行疫苗接种。

八、气 肿 疽

气肿疽是厌氧的梭状芽孢杆菌和其他条件致病性梭菌引起的高度致死性疾病。其特征为肌肉丰满部位发生炎性气性肿胀，并常有跛行，又称黑腿病或梭菌性肌炎。

【病 原】 气肿疽梭菌属于梭状芽孢杆菌属，为专性厌氧菌，菌体较大，两端钝圆，单在或成短链，形成中央或偏端芽孢，有周身鞭毛，运动活泼。

本菌的繁殖体对理化因素的抵抗力不强，一旦形成芽孢则抵抗力很强，芽孢在土壤中可生存 5 年以上，干燥病料中的芽孢在室温可生存 10 年以上。胃液不影响芽孢的毒力，在液体中芽孢可耐受 20 分钟煮沸，3% 福尔马林溶液 15 分钟可杀死该菌芽孢。

【流行病学】 黄牛，特别是 6 个月至 3 岁营养良好的最易感。患病动物及处理不当的尸体或其排泄物、分泌物中的细菌芽孢污染土壤后，病原菌可长期存活，进而污染饲料和饮水而经口感染健康动物。气肿疽梭菌常存在于土壤中。消化道感染是主要的传播途径。外伤和吸血昆虫叮咬也可传播。该病多为散发，有一定的地区性和季节性，多发生于天气炎热的多雨季节以及洪水泛滥后；冬季常爆发，最近发现牛场主要的感染是由于肌内注射、皮肤破损等而引起发病。夏季干旱酷热，昆虫活动时也易发生。

【临床症状】 本病的潜伏期一般为 3～5 天，个别为 1～2 天。当牛有肌肉创伤，深的或浅的刺伤、撕裂、外科切口，肌内注射刺激性药品或化学物质都易感染本病。病初通常突然出现精神沉郁，食欲和反刍停止，泌乳量降低，到后期完全停止，体温升高至 40～42℃，四肢关节（主要是股关节、膝关节、肩关节）突然肿胀，病牛表现起立困难，跛行。在机体的肌肉丰满处出现肿胀，初期病灶小而疼痛、发热，随后迅速增大，中心变冷、无痛，局部皮肤干燥发黑，触诊有捻发音，叩诊有鼓音；切开时流出污浊、红色并带有泡沫的液体和特殊的腐败乳酪味；到后期受感染的肌肉变得坚实，病变部位皮肤发干，呈黑色，触诊皮肤紧张，弹性降低、冰凉和坏死，局部淋巴结肿胀、充血，有疼痛感。随着病程的发展，呼吸极度困难，脉搏细微，间有腹痛，体温下降，最后躺卧不能站立，不能采食，后期严重脱水，呈现极度的衰竭状态，最后病牛因营养缺乏衰竭死亡。病牛反射功能丧失，有明显的神经症状。黄牛多呈急性经过，一般于发病后 1～2 天死亡，病死率可达 100%。

【病理变化】 急性死亡病例尸体迅速腐败，由于瘤胃胀气，直肠突出，鼻孔、口腔和肛门流出含有泡沫的血样液体。皮下组织见有出血性或黄色胶样浸润。肌肉丰满处肌肉组织呈海绵状，触之有捻发音，这种肿胀可向周围肌肉组织扩散；中心变黑色，周围色泽变淡，有乳酪臭味。病变处切面呈污红色或灰红色、淡黄色或黑色，这种变化间隔存在，因而外观呈斑驳状。

【诊　断】　气肿疽为土壤源性疫病，多散发，具有地区性和一定的季节性。6个月至3周岁的黄牛最易感。根据临床症状、病理变化结合流行病学调查常可做出初步诊断。

实验室诊断主要采取病变部位的组织或渗出液，以及心血或各内脏器官等病料接种厌氧培养基，可分离到梭状芽孢杆菌，纯化的菌落通过生化试验及血清学试验鉴定。

【防　治】　由于肌内注射时消毒不严、皮肤破损等引起本病发生。故注射时严格消毒，冬季要清除通道内的结冰块，防止划破皮肤。牛进出牛舍时防止过度拥挤，造成皮肤损伤。运动场要去掉高凸的砖块，多加沙土整理平整，防止起卧时关节损伤。

疫区及受气肿疽威胁的地区可通过接种气肿疽菌苗来进行预防。

据国外报道，一般在早期使用青霉素或磺胺类治疗有成功的病例，但是这种全身性的药物疗法只能杀死循环血液中的细菌，而不能杀死受严重感染的肌肉中细菌。急性病例可以进行手术切开病变部位，用盐水、过氧化氢冲洗伤口。也可以适当用一些止痛药和类固醇药物，以及进行对症支持疗法（如强心、补液、增加维生素等）。但是一般应用各种抗生素和对症治疗，效果均不理想，多数病牛会死亡，即使经治愈的牛，在此后的饲养过程中发现，其生产利用的价值不大，体质十分差，长时间很难恢复。

发病初期建议应用大剂量青霉素，必要时注射抗气肿疽血清，每头患病动物150～200毫升，可收到满意的效果，病情严重时治疗效果一般。

发生气肿疽时应对病牛及时隔离、治疗；受威胁的牛群进行

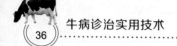

紧急免疫接种或抗气肿疽高免血清注射。污染物严格消毒，病死牛焚烧处理，防止芽孢污染而扩大疫情。

九、牛白血病

牛白血病是由反转录病毒属牛白血病病毒引起成年牛的一种慢性肿瘤性疾病，该病的临床特征是淋巴样细胞持续增生形成淋巴肉瘤，以及进行性的恶病质和高度的致死率。

【病　原】　牛白血病的病原为牛白血病病毒。该病毒对外界的抵抗力低，可经巴氏消毒灭活，将细胞培养的牛白血病病毒置于60℃和73℃分别处理5分钟和1分钟即可使其灭活。

【流行病学】　该病主要发生于成年牛，尤以4～8岁的牛最常见。病牛和带毒牛是主要的传染源。主要通过水平传播方式从感染牛传染给健康牛，医源性传播可能为本病发生的主要因素。感染后的牛群并不立即出现临床症状，多数为隐性感染者而成为传染源。在自然条件下，该病则主要通过吸血昆虫传播。

肿瘤期的妊娠母牛可以经胎盘将病毒和（或）肿瘤细胞转移给胎儿，造成胎儿感染或肿瘤形成。感染母牛也可在分娩时将病毒经子宫传染给胎儿，或在分娩后经初乳传染给新生犊牛。

【临床症状】　各种年龄牛都可感染牛白血病病毒，一般为亚临床经过，表现为淋巴细胞增多症，少数病牛演变为淋巴肉瘤，但典型的淋巴肉瘤则常见于3岁以上牛。

1. 典型型　随瘤体生长部位的不同，可表现为贫血、可视黏膜苍白，精神沉郁，消化紊乱，神经性斜视，食欲不振，体虚乏力，产奶量降低。从体表和骨盆内可触摸到一侧性或对称性肿大的淋巴结，体表淋巴结常显著肿大，触摸时能够移动；单侧肩前淋巴结肿大时可见病牛头颈向一侧偏斜；眶后淋巴结肿大则出现眼球突出等。血液中出现大量的异形淋巴细胞。牛群淘汰率增加，对其他疫病的易感性增加，容易发生乳房炎、下痢和肺炎。

2. 犊牛型 主要见于 6 个月以下的犊牛，在伴有发热的同时，全身淋巴结肿大，呼吸困难。体表淋巴结肿大通常为对称性，多见于颈浅、股前、下颌和耳后淋巴结，在皮下可动。病犊精神沉郁，心音异常，食欲不振，有时下痢或臌气，常因骨髓受到损伤而发生贫血。

3. 皮肤型 主要发生于 2～3 岁的牛，从颈部到背腹部乃至臀部或四肢上部、颜面部等处皮肤出现荨麻疹样肿胀，肿胀部敏感，病牛拒绝触摸，局部伴有硬结、脱毛、发红和轻度的渗出，有时病灶逐渐退化。病牛生长缓慢，体重减轻，多以死亡为转归。

4. 亚临床型 无肿瘤形成，特点是淋巴细胞增生，可持续多年或终生，也可转化成典型型。

【诊　断】根据临床症状和病理变化即可诊断，如贫血，可视黏膜苍白，消化紊乱，触诊肩前、股前、股后淋巴结肿大，直检骨盆腔及腹腔内有肿瘤块存在，腹股沟淋巴结和髂淋巴结肿大；血液学检查可见白细胞总数增加，淋巴细胞数量增加 75% 以上，并出现成淋巴细胞（瘤细胞）；活组织检查可见成淋巴细胞和幼稚淋巴细胞；尸体剖检及组织学检查具有特征性病变等。亚临床型病例或症状不典型的病例则需要通过实验室病原学及血清学检测来确诊。

【防　治】严格执行检疫制度，对引进的种牛或其精液、受精卵，检疫阳性者及时淘汰，禁止使用。加强牛场的防疫消毒，防止工具、器械等带毒传播，避免医源性传播，并保持养殖场内清洁卫生，消灭吸血昆虫。

定期通过血液学和血清学方法对牛群进行普查，发现阳性牛及时淘汰。发病牛应及时淘汰扑杀，防止该病在牛群中蔓延。

该病尚无有效的治疗方法。呈现临床症状的晚期病牛药物治疗效果不大。初期病牛，尤其有一定经济价值的牛，可试用抗肿瘤药，如氮芥、盐酸阿糖胞苷等，可对肿瘤生长有抑制作用。

十、衣原体病

本病是由鹦鹉热衣原体所引起的传染病，以流产、肺炎、肠炎、结膜炎、多发性关节炎、脑炎等多种临床症状为特征。

【病　原】　衣原体是衣原体科、衣原体属的微生物。鹦鹉热衣原体和反刍动物衣原体是牛衣原体病的主要致病菌。

衣原体对高温的抵抗力不强，而在低温下则可存活较长时间，如4℃可存活5天，0℃存活数周。0.1%福尔马林、0.5%苯酚在24小时内，70%酒精数分钟、3%过氧化氢片刻，均能将其灭活。衣原体对青霉素、四环素族、红霉素等抗生素敏感，对链霉素、杆菌肽等有抵抗力；对磺胺类药物则有抵抗力。

【流行特点】　衣原体具有广泛的宿主，但家畜中以羊、牛、猪较为易感。幼牛（6月龄以前）多表现为肺炎，成年牛有脑炎症状，妊娠牛则多数发生流产。

病牛和带菌者是本病的主要传染源，可由粪便、尿液、乳汁以及流产的胎儿、胎衣和羊水排出病原菌，污染水源和饲料等，经消化道感染，亦可由污染的尘埃和散布于空气中的液滴，经呼吸道或眼结膜感染健畜。可通过交配或带菌精液人工授精发生感染，子宫内感染也有可能。

本病的季节性不明显，但犊牛肺炎病例冬季多于夏季，而成牛脑脊髓炎则为散发性，无季节性。密集饲养、运输途中拥挤、营养紊乱等应激因素可促进本病的发生和发展。

【临床症状】　本病的潜伏期短则几天，长则可达数周，甚至数月。牛感染后，有不同的临床表现，常见的有以下几种病型。

1. 流产型　又名地方流行性流产。易感母牛感染后有一短暂的发热阶段。初次妊娠的青年牛感染后易发生流产，流产常发生于妊娠后期，一般不发生胎衣滞留。流产率高达60%。年青公牛常发生精囊炎，其特征是精囊、附性腺、附睾和睾丸呈慢性发炎。发病率可达 10%。

2. 肺炎型　本型主要见于 6 月龄以前的犊牛。潜伏期 1～10 天，病畜表现精神沉郁、腹泻、体温升高，可达 40.5℃，鼻流浆黏性分泌物，流泪，以后出现咳嗽和支气管肺炎。犊牛表现的症状轻重不一，有急性、亚急性和慢性之分，有的犊牛可呈隐性经过。

3. 关节炎型　犊牛常发病，病初发热厌食，不愿站立和运动，发病 2～3 天，关节肿大，后肢关节最严重，病状出现后 2～12 天死亡。恢复的犊牛可能对再感染有免疫力。

4. 脑脊髓炎型　以 2 岁以下的牛最易感。自然感染的潜伏期为 4～27 天，病初体温突然升高至 40.5～41.5℃，发热持续 7～10 天。病初仍有食欲，但以后即不食、消瘦、衰竭，体重迅速减低。流涎和咳嗽明显。行走摇摆，常呈高跷样步伐，有的病牛有转圈运动或以头抵硬物。四肢关节肿胀、疼痛。有的病牛有鼻漏或腹泻。末期有的病牛呈角弓反张和痉挛。有临床症状的病牛约有 30% 归于死亡，但因存在着许多轻症和隐性病例，病死率实际上较低。耐过牛有持久免疫力。

【诊　断】　根据流行特点、临床症状和病理变化仅能怀疑为本病，确诊需进行病原体的分离培养、血清学试验及抗菌药敏试验。

最常用的血清学方法是补体结合反应，也可采用血清中和试验、毒素中和试验和空斑减数试验。另外间接血凝试验、免疫荧光抗体试验、酶联免疫吸附试验已用于本病的诊断。

【防　治】　衣原体的宿主十分广泛，因此，防治本病必须认真采取综合性的措施。

首要的问题是防止牛暴露于被衣原体污染的环境，在规模化养殖场，应确实建立密闭的饲养系统，杜绝其他动物携带病原体侵入；对外来鸟类如鹦鹉要严格实施隔离检疫，禽类屠宰、加工时要防止尘雾发生；建立疫情监测制度，对疑似病例要及时检疫，以清除传染源；在本病流行区，应制订疫苗免疫计划，定期进行预防接种。

发生本病时，可用四环素族抗生素进行治疗，混于饲料中，连用1～2周。

十一、副 流 感

牛副流感是由副流感Ⅲ型病毒引起的一种急性呼吸道传染病，常称为运输热、运输性肺炎。其临床特征是体温升高，呼吸困难，剖检特征为纤维蛋白性肺炎。

【病　原】　本病毒是一种RNA病毒，对牛的红细胞有血凝集作用。病毒对乙醚、氯仿敏感，在pH值3.0环境中不稳定。

【流行病学】　感染发病的牛长时间带毒，并不断地由鼻分泌物向外排毒。断奶犊牛比哺乳牛、泌乳牛比干奶牛易感。通过接触或飞沫而引起传染。在集约化饲养，牛群高度集中，牛只拥挤，密度过大，以及圈舍低矮窄小，阴暗潮湿，通风不良及寒冷刺激等，皆可促进本病的发生。

牛副流感Ⅲ型病毒单纯感染较少。常常和溶血性巴氏杆菌、霉形体、传染性鼻气管炎、病毒性腹泻 - 黏膜病、放线杆菌等混合感染，使疾病复杂化。

【临床症状】　本病的潜伏期2～5天。体温升高达40～41.5℃，食欲减退或废绝，精神沉郁，鼻镜干燥，流脓性鼻液，大量流泪，脓性结膜炎，呼吸急促，咳嗽，有时张口呼吸。有的发生黏膜性腹泻。妊娠母牛可能流产。有些病牛呈轻性或隐性经过。牛群中发病率为60%～90%。单纯感染的病程为3～4天；严重呼吸困难病牛，经3～4天呼吸衰竭死亡。

【病理变化】　剖检典型病变是气管内充满浆液，肺高度膨隆，外覆盖白色纤维蛋白物质。剥离后肺表面粗糙、充血，尖叶、心叶，特别是膈叶坚实，切面呈深红色或灰白色，叶间结缔组织明显增宽。肺片和纵隔淋巴结肿大，部分坏死。

组织学变化是鼻和支气管上皮有嗜酸性细胞质内包涵体，并出现肺泡性巨噬细胞；毛细支气管上皮增生、脱落和坏死；肺泡内积有蛋白样物、单核细胞和细胞碎块；肺泡上皮有嗜酸性的胞质内包涵体和核内包涵体。

【诊　断】　引起呼吸道疾病的炎症较多，其症状大多一致，多数病例往往是混合感染，仅通过临床症状确诊是极其困难的。因此，应取急性期病牛鼻液、鼻腔擦拭物或鼻咽拭子，剖检样品如气管黏膜、肺脏及所属淋巴结，乳房炎时的乳汁及腹泻时的粪便等进行病毒分离鉴定。

【治　疗】　本病无特异疗法。主要在发病早期采取对症治疗，抗菌、消炎，防止细菌继发感染。

盐酸土霉素，5～10毫克／千克体重，用5%葡萄糖生理盐水500～1 000毫升溶解，1天2次静脉注射。磺胺-6-甲氧嘧啶，0.05～0.1毫克／千克体重，一次内服，维持用量减半。气管内注射卡那霉素注射液10～15毫升。

当呼吸困难时，可用尼可刹米、地塞米松及输氧等对症治疗方法。

【预　防】　由于本病多与其他疫病并发，发病后又无特效治疗方法，所以预防是关键，应加强防疫消毒。可免疫接种预防。疫苗有活毒疫苗和灭活病毒疫苗两种。犊牛在6～8月龄时，注射副流感Ⅲ型疫苗和巴氏杆菌苗，或者副流感Ⅲ型疫苗、牛传染性鼻气管炎和牛病毒性腹泻－黏膜病病毒三联疫苗。

十二、结核病

牛结核病是由分枝结核杆菌引起的一种人兽共患慢性传染病。其特征是病程缓慢，渐进性消瘦，咳嗽，并在多种组织器官形成结核性肉芽肿、干酪样坏死或钙化灶。

【病　原】　本病病原为分枝结核杆菌，属革兰氏阳性专性需氧菌，对干燥、湿冷和一般消毒药耐受性强。在干痰和冷藏奶油中能存活 10 个月，粪便、土壤中存活 6～7 个月，病变组织和尘埃中能生存 2～7 个月以上，水中存活 5 个月，对湿热抵抗力弱，100℃水中立即死亡。70% 酒精、10% 漂白粉溶液能很快将其杀灭，碘化物消毒效果最佳。对磺胺类药物、青霉素及其他广谱抗生素均不敏感，但对链霉素、异烟肼、对氨基水杨酸等敏感。

【流行特点】　本病奶牛最易感，其次为黄牛、牦牛和水牛。结核病患牛是本病的主要传染源；病牛鼻汁、痰液、粪便和乳汁，经污染饲料、饮水、空气和周围环境而散播传染。本病主要通过呼吸道和消化道感染，也可通过交配感染。成年牛多因与病牛、病人直接接触，犊牛多因吃了病牛乳汁而感染。饲养管理不良，牛舍通风不良、拥挤、潮湿、阳光不足，缺乏运动都会促进本病发生。

【临床症状】　潜伏期长短不一，一般为 10～45 天，有的更长，通常呈慢性经过。牛常发生肺结核，以长期顽固的干咳为特征，且以清晨最明显。患病牛容易疲劳，逐渐消瘦，病情严重时可见呼吸困难；发生淋巴结核时，淋巴结肿大，无热痛；肠道结核多见于犊牛，表现消化不良，消瘦和顽固性下痢；生殖器官结核，可见性功能紊乱，妊娠母牛流产，公牛睾丸肿大，阴茎前部发生结节；乳房结核时，先是乳房上淋巴结肿大，继而乳房有局限性或弥散性硬结，硬结无热无痛，表面凹凸不平，泌乳量下降，乳汁变稀，呈淡黄水样或深黄浓稠，混有脓块，严重时乳腺萎缩，泌乳停止。严重的乳房炎可引起体温上升，食欲废绝。

【病理变化】　在肺脏形成特异性白色或黄色结节，大小不一，切面为干酪样坏死或钙化。有时出现坏死组织溶解或软化，排出后形成空洞。胸膜可发生密集的结核结节，形似珍珠状。切开乳房结核病灶，含干酪物质，尚可见到渗出性乳房炎病变。子宫病变多为弥漫干酪化，子宫腔含有油样脓液；卵巢肿大，输卵管变硬。

【诊　断】牛群中发生进行性消瘦、咳嗽、肺部异常、慢性乳房炎、顽固性下痢、体表淋巴结慢性肿胀，结合病理剖检特异性结核病变，不难做出诊断。牛型提纯结核菌素皮内变态反应试验是结核病诊断的标准方法。对于开放性牛结核病的诊断，可采取病牛的病灶、痰、尿液、粪便、乳汁及其分泌物做抹片或集菌处理后抹片，用抗酸染色法染色镜检，分离培养和动物接种试验等。免疫荧光技术、酶联免疫吸附试验、PCR 等方法在诊断中也具有快、准、检出率高等优点。

【防　治】控制牛结核病应采取"监测、检疫、扑杀、消毒、净化"相结合的综合性防治原则，即加强引进种牛的隔离检疫，防止引进带菌牛；净化污染群，培育健康牛群；加强饲养管理和环境消毒，增强牛群抗病能力，消灭环境中存在病原体；对于发病牛要及时处理淘汰，以免引起疾病的传播。

对结核菌素反应阳性母牛所产犊牛，出生后只吃 3 天初乳，以后则由检疫无病的健康母牛供养或吃消毒乳。犊牛应在出生后 1 个月、6 个月、7 个半月时进行 3 次检疫，凡阳性牛予以扑杀；呈阴性反应，而且无任何可疑临床症状的，可放入假定健康牛群培育。

十三、放线菌病

放线菌病又称大颌病，是一种人兽共患细菌性的非接触性慢性传染病。特征为头、颈、颌下和舌的放线菌肉芽肿，偶尔可在躯体其他部位引起肉芽肿性感染。

【病　原】本病的病原有牛放线菌、伊氏放线菌和林氏放线杆菌。牛放线菌和伊氏放线菌是牛的骨骼放线菌病的主要病原，为革兰氏染色阳性、不运动、不形成芽孢的杆菌，有长成菌丝的倾向。

【流行特点】 本病呈散发性。动物中，以牛最常被侵害，尤其是2～5岁的牛。病原体存在于污染的土壤、饲料和饮水中，及动物口腔和上呼吸道中。因此只要黏膜或皮肤上有破损，便可以发生感染。当给牛饲喂带刺的饲料，如禾本科植物的芒、大麦穗、谷糠、麦秸等时，常使口腔黏膜损伤而感染。

【临床症状】 牛常见上、下颌骨肿大，界限明显；早期出现热、痛、肿，肿块由水肿及其下面的硬骨骨肿组成。肿胀进展缓慢，一般经过6～18个月才出现一个小而坚实的硬块。有时肿大发展甚快，牵连整个头骨。肿部初期疼痛，晚期无痛觉。病牛流涎，采食困难，不敢咀嚼及草料从口中滑落，后期食欲下降，呼吸、吞咽和咀嚼困难，很快消瘦，有时皮肤化脓破溃，脓汁流出，形成瘘管，长久不愈。头、颈、颌部组织也常发硬结，不热不痛。舌和咽部组织发硬时称为"木舌病"，病牛流涎，咀嚼困难。乳房感染时，呈弥散性肿大或有局灶性硬结，乳汁黏稠，混有脓汁。

【病理变化】 牛主要以臼齿槽的颌骨放线菌感染具有特征性，表现为骨炎、骨膜炎和骨髓炎。由于骨质疏松变化和骨化作用的交替进行，使畸形隆起的骨骼变成一种海绵状的骨质。晚期则以蘑菇状或畦状凸起的方式从皮肤和口腔黏膜上突出一种灰红色的坚韧组织，同时从许多瘘管中流出一种含淡黄色干酪状颗粒的脓液。

【诊　断】 放线菌病的临床症状和病变比较特殊，故诊断不难，依据临床症状即可确诊。X射线检查可见带有多灶性射线可透区的骨髓炎和骨膜骨质增生，有助于区别该病与牙根感染、骨肿瘤、骨折和窦炎（上颌骨）。

【防　治】 避免在低湿地放牧。舍饲牛最好于饲喂前将干草、谷糠等浸软，避免刺伤口腔黏膜。合理饲养管理及遵守兽医卫生制度，特别是防止皮肤、黏膜发生损伤，有伤口时及时处理、治疗，在本病的预防上十分重要。

治疗可采取以下方法：局部治疗，硬结可用外科手术切除，若有瘘管形成，要连同瘘管彻底切除，切除后新创腔用碘酊纱布填塞，24～48 小时更换 1 次。可用烧烙法进行治疗。病初可口服碘化钾，成牛每日投给 5～10 克，犊牛 2～4 克，可连用 2～4 周。重症者可静脉注射 10% 碘化钾，每日 50～100 毫升，隔日 1 次，共 3～5 次。在用药过程中如出现碘中毒现象（黏膜、皮肤发疹、流泪、脱毛、消瘦和食欲缺乏等）应暂停用药 5～6 天或减少剂量。放线菌对青霉素、红霉素、四环素、林可霉素比较敏感，林氏放线杆菌对链霉素、磺胺类药物比较敏感，故可有针对性地应用抗菌药物进行治疗，但需大剂量应用，方可收效。

十四、牛流行热

牛流行热又称三日热或暂时热，是由牛流行热病毒引起牛的一种急性、热性传染病。其临床特征是突发高热，流泪，流涎，鼻漏，呼吸促迫，后躯僵硬或跛行。一般取良性经过，发病率高，病死率低。发病特点是呈群发，季节性明显，传播速度快。

【病　原】牛流行热病毒又名牛暂时热病毒，属于弹状病毒科、暂时热病毒属。只有 1 个血清型，有血凝活性。对热敏感，56℃ 10 分钟、37℃ 18 小时、pH 值 2.5 以下或 pH 值 9 以上数十分钟内可灭活。对一般消毒药敏感。

【流行特点】本病主要侵害奶牛和黄牛，水牛较少感染。3～5 岁牛多发。母牛比公牛稍易感。病牛是主要传染源，通过吸血昆虫叮咬而传播。病毒能在蚊子和库蠓体内繁殖，因此吸血昆虫是重要的传播媒介。本病发生具有明显的季节性，主要在蚊蠓多生的夏末到秋初；本病发生具有明显的周期性，3～6 年流行 1 次。

【临床症状】潜伏期一般 3～7 天。病牛突然发病，体温升高至 39.5～42.5℃，持续 2～3 天。流泪，眼结膜充血，眼睑水肿；鼻流浆性或黏脓性鼻液；口腔发炎、流涎，口角有泡沫，腹式呼吸。四肢关节水肿、僵硬、疼痛，出现跛行或站立困难。有的便秘或腹泻，尿量少，色暗黄。妊娠母牛可发生流产，产下死胎，泌乳量下降或停止。多数为良性经过，3～4天可恢复。病死率不超过1%，常因跛行或瘫痪而淘汰。

【病理变化】 胸、颈、臀部肌肉间有出血斑点。胃肠黏膜淤血，呈暗红色。心内膜及冠状脂肪有出血点。肺充血、水肿，胸腔积暗红色液体，肺有明显肺间质气肿现象，间质增宽，内有气泡和胶冻样物，切面流出暗红色液体。气管内有泡沫状黏液。淋巴结充血、肿胀、出血。

【诊　断】 本病特点是大群发生，传播快，有明显季节性，发病率高，病死率低，结合临床症状可做出初步诊断。实验室检查可取高热期病牛血液或病死牛的脾、肝、肺等组织感染乳鼠或接种适宜细胞培养物分离病毒，并用中和试验和免疫荧光试验进行鉴定，或将病料制成超薄切片，负染后用电镜直接观察病毒颗粒。血清学检查常用双份血清做中和试验，此外琼脂扩散试验、补体结合试验、酶联免疫吸附试验等也常用来诊断本病。

【防　治】 在本病常发地区，定期对牛群进行疫苗接种，加强消毒，消灭蚊蠓。一旦发生本病，立即隔离病牛，并彻底消毒。

目前对本病尚无特效治疗方法，多采用对症治疗。治疗原则是早发现、早隔离、早治疗，合理用药，护理得当。在高热期，及时酌情使用解热药、强心药治疗，用葡萄糖盐水补液及用抗生素等药物防止并发症和继发感染。

十五、恶性卡他热

牛恶性卡他热是由病毒引起多种反刍动物发生的一种急性高度致死性传染病，以高热、呼吸道和消化道黏膜的黏脓性坏死性炎症为特征。

【病　原】　本病病原为猥羚疱疹病毒型，属于疱疹病毒科、疱疹病毒亚科。病毒存在于病牛血液、脑、脾等组织中，血液中病毒紧紧附于白细胞上，不易脱离，也不易通过细菌滤器。病毒对外界环境抵抗力不强，不能抵抗冷冻和干燥，在 0℃ 以下数天失去活性。

【流行特点】　1～4 岁的黄牛及水牛易感，绵羊和角马可以感染，但无症状或不易觉察，成为病毒携带者。本病传染源主要是绵羊，感染牛为终末宿主，不能在牛和牛之间进行传播。本病一年四季均可发生，多见于冬季和早春，多呈散发，有时呈地方流行性，发病率低，而死亡率高达 60%～90%。昆虫在传播此病方面的作用尚需进一步证实。

【临床症状】　潜伏期一般为 28～60 天，有的长达 140 天，人工感染犊牛 10～30 天。根据症状表现可分成最急性型、头眼型、消化道型、良性型及慢性型。

最急性型病牛突然出现不能起立，精神高度沉郁，食欲废绝，泌乳停止，体温升高至 41～42℃、脉搏增速（100～210 次/分）。由于黏膜受到侵袭，所以流出大量黏稠的鼻汁堵塞鼻腔，致使病牛呼吸困难。眼睑水肿，巩膜高度充血，病牛经常流泪，从角膜周围向中心呈现白色浑浊状态。口腔黏膜完全坏死及糜烂，流出有臭味的涎液，内含坏死组织碎片，口腔内发出腐败性恶臭。蹄冠部和角根也出现同样的病变，病牛因疼痛而呈现跛行状态，并且起立困难，也有蹄壳和角壳脱落的情况。体表淋巴结变得硬肿。病程延长时，眼和鼻的分泌物逐渐增多，变成脓性白色浑浊状。另外，体表皮肤由于充血而患湿疹，触诊时感觉黏糊，病牛表现痛楚。急性病例病初表现运动失调，意识障碍或肌肉痉挛；末期眼球出现震颤和痉挛。特急性病例则出现高热、呼吸困难及因急性胃肠炎引起的下痢症状，在 1～3 日内就会死亡。

消化道型主要表现突然发病，精神沉郁，食欲减退，反刍减少，饮欲增加，粪便初干燥，后逐渐变稀，有时混有血液或纤维蛋白碎片，鼻镜干燥，被毛蓬乱，衰竭，体重迅速减轻。

【诊　断】　根据流行特点、临床症状及病理变化可做出初步诊断。确诊需在实验室进行病毒的分离鉴定。DNA探针和PCR技术检测病毒有实际意义。血清学诊断方法有病毒中和试验、补体结合试验、琼脂扩散试验、间接酶联免疫吸附试验等。

【治　疗】

目前对本病尚无特效治疗方法，主要采取对症治疗，如果有兴奋不安，可用镇静剂；为防止继发感染，可使用磺胺类药物及抗生素；抗炎、抗过敏等疗法，也可试用下方：

1. 清瘟败毒饮　石膏150克，生地60克，水牛角90克，川黄连20克，栀子30克，黄芩30克，桔梗20克，知母30克，赤芍30克，玄参30克，连翘30克，甘草15克，丹皮30克，鲜竹叶30克。用法：一次水煎灌服。石膏打碎先煎，再下其他药同煎，水牛角锉末后冲入。

2. 雄黄散　雄黄200克，苍术200克，大黄100～200克，重楼50克，黑升麻100克，山慈姑40克，冰片10～15克，粪便正常或便秘时大黄用200克，腹泻时用100克。将雄黄另研，其他六味药为末，混合后沸水冲调，候温灌服，每日1剂，一般7天为一疗程。功能清热解毒，祛风燥湿，明目退翳。

【预　防】　控制本病最有效的措施是将绵羊等反刍动物与牛群分开饲养，同时注意圈舍和用具消毒。灭活疫苗免疫效果不佳，弱毒疫苗使用尚待推广。目前，无特效治疗方法，一旦发病应及时扑杀、无害化处理病畜。污染场地用卤素类消毒药彻底消毒。

十六、牛黏膜病

牛黏膜病又称牛病毒性腹泻，是由病毒引起的一种急性、发热性传染病，常以腹泻为主要症状。

【病　原】　牛病毒性腹泻病毒又名黏膜病毒，属于黄病毒科、瘟病毒属，对乙醚、氯仿、胰酶等敏感，pH 值 3 以下易被破坏，56℃很快被灭活，血液和组织中病毒冻干，-70℃可存活多年。

【流行特点】　患病及带毒动物是主要传染源。康复牛可带毒6 个月。本病通过直接或间接接触，经消化道、呼吸道及胎盘感染。本病常年发生，冬末和春季多发。

【临床症状】　临床上有急性、慢性和轻型 3 种类型。其中急性型主要症状是腹泻。

急性型一般常见于幼犊，死亡率较高。病初呈上呼吸道感染症状，表现为发热（40～42℃），食欲减退或废绝，流鼻液，咳嗽，呼吸急促，流涎，精神沉郁。不久即腹泻，可持续3～4周，有的表现为几个月的间歇性腹泻。初期粪便稀如水，青灰色，有恶臭，以后逐渐稠厚，混有大量黏液和小气泡，有时呈浅灰色糊状。病牛鼻镜干裂，表皮剥落。有的流泪和角膜浑浊。成年牛的症状轻重不一，泌乳减少或停止，妊娠牛可发生流产。

【病理变化】　鼻镜、齿龈、上腭、舌面及颊部黏膜糜烂。特征病变是食道黏膜糜烂，直线形排列；胃黏膜糜烂、水肿；肠黏膜水肿、增厚。肠淋巴结肿大，小肠特别是空肠、回肠黏膜呈现卡他、出血、坏死性炎症，黏膜脱落。蹄冠和趾间糜烂、溃疡。运动失调的犊牛小脑发育不全和侧脑室积水。

【诊　断】　本病在暴发流行时，根据病史、症状和病变可做出初步诊断。确诊需依靠病毒分离鉴定和补体结合试验等血清学试验。此外，免疫荧光技术、琼脂扩散试验及 PCR 等方法也常用来诊断本病。

【防　治】　从国外引种要做好隔离检疫。发现病牛急宰或隔离治疗。定期对牛群用疫苗进行免疫。本病毒与猪瘟病毒同属，有共同抗原，因此对猪的检疫不容忽视。自然康复牛和免疫接种的牛均能获得免疫力，免疫期可在 1 年以上。

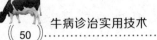
本病目前尚无有效疗法。应用收敛剂和补液疗法可缩短恢复期，用抗生素和磺胺类药来控制继发细菌感染，减少损失。可试用下方：

乌梅 20 克，柿蒂 20 克，山楂炭 30 克，诃子肉 20 克，黄连 20 克，姜黄 15 克，茵陈 15 克。用法：煎汤去渣，分 2 次灌服。

十七、钩端螺旋体病

钩端螺旋体病是由多种血清型的致病性钩端螺旋体引起的一种自然疫源性传染病。其临床特征是发热、贫血、黄疸、出血性素质、血红蛋白尿、流产及黏膜和皮肤坏死、水肿等。

【病　原】　病原为螺旋体科、钩端螺旋体，已知此菌有 14 个以上血清群、150 个以上血清型。我国已分离鉴定出 19 个血清群、75 个血清型，为世界上发现血清型最多的国家。在污染河水、池塘和淤泥中可以生存数月或更长，在尿液中能存活 2 天。一般消毒剂和常用消毒方法均可将其杀灭。

【流行特点】　本病几乎遍布全世界，我国长江流域及长江以南地区最常见。发病和带菌动物是主要传染源，病原体随尿液、乳汁和唾液等排出污染环境，使人和动物感染。本病通过直接或间接方式传播，主要途径为皮肤、消化道、呼吸道传播，昆虫叮咬、人工授精及交配也可传播。本病一年四季均可发生，7～10 月份为流行高峰期，一般呈散发或地方流行性。

【临床症状】　潜伏期 2～20 天。不同血清型的钩端螺旋体对各种动物的致病性有差异，各种动物感染后临床表现不一。总的说来感染率高，发病率低，症状轻的多，重的少，多为隐性感染，长期排菌。

急性型病初体温升高至 40.5～41℃以上，精神沉郁，食欲废绝，呼吸和心跳加速，鼻镜干燥，甚至龟裂，出现消瘦。泌乳量减少或停止，乳色变黄呈初乳状，并常有乳凝块和血液。发病后2～3天可视黏膜黄染，尿液呈红褐色，有大量蛋白、血红蛋白和胆色素。慢性型呈间歇热，病牛逐渐消瘦，黄疸及血红蛋白尿时隐时现。妊娠母牛发生流产，死产。

【病理变化】 皮肤、皮下组织、浆膜、黏膜明显黄染、出血，皮肤干裂、坏死，口腔溃疡。肝肿大，棕黄色。肾肿大，有出血点和灰白色坏死。膀胱积黄红色尿，黏膜出血。心内膜、肠黏膜、肺脏、脾脏均有出血。胸腔积液。头、颈、下颌及胃壁水肿。

【诊 断】 本病症状和病变复杂，病原血清型众多，单靠临床症状很难确诊，确诊必须依靠实验室的病原学、血清学和紧急接种诊断。

1. 病原学检查 应采集急性发热期血液或中、后期脊髓液和尿液等新鲜样品，浓缩集菌，于暗视野镜检菌体及运动。肝、脾、肾、脑等脏器触片直接用暗视野镜检或用荧光抗体、镀银染色或吉姆萨染色镜检。有条件时可做细菌分离培养和鉴定，或接种幼龄仓鼠和乳兔做致病性试验。

2. 血清学诊断 可用凝集溶解试验、间接血凝试验、酶联免疫吸附试验及微量补体结合试验、间接荧光抗体法及 PCR、DNA 探针技术等。

【防 治】 预防本病应搞好综合性防疫措施，消除带菌、排菌动物，防止环境污染，加强饲养管理，药物预防和免疫接种等。发生本病时应采取相应措施控制扑灭疫情，患病动物用链霉素、土霉素、四环素等抗生素治疗，结合强心、利尿、补充葡萄糖和维生素 C 提高治疗效果。受威胁动物可用 5 价或 3 价钩端螺旋体疫苗免疫接种。并做好消毒及病尸无害化处理。

早期应用免疫血清（100～200 毫升，皮下或静脉注射）与磺胺类药物或抗生素（青霉素、链霉素、金霉素、四环素、土霉素）合用，可获得一定疗效。

治疗的同时应加强消毒工作，对病畜污染的畜舍、运动场和

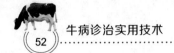

用具等用 3% 克辽林或来苏儿溶液，2% 氢氧化钠溶液或 20% 石灰乳进行彻底消毒。粪尿堆积发酵处理。

十八、莱 姆 病

该病又称莱姆包柔体病，是一种新发现的人兽共患病，在人、动物中广泛流行，属自然疫源性疾病。临床上以发热、关节肿大和流产为特征。

【病　原】　病原体为伯氏包柔氏螺旋体。通常以硬蜱为传播媒介。硬蜱叮咬动物或人后，将伯氏包柔氏螺旋体随唾液注入体内。本菌对青霉素、四环素、红霉素敏感，而对新霉素、庆大霉素、丁胺卡那霉素不敏感。

【流行特点】　人和多种动物对本病均有易感性。病原体主要通过蜱类作为传播媒介。本病的流行与硬蜱的生长活动密切相关，因而具有明显的地区性，在硬蜱能大量生长繁衍的山区、林区、牧区此病多发，同时还具有明显的季节性，多发生于温暖季节，一般多见于夏季的 6～9 月份，冬春一般无病例发生。硬蜱的感染途径主要是通过叮咬宿主动物，但有些硬蜱还可以经卵垂直传播。有人证实直接接触也能发生感染。

【临床症状】　病牛表现为体温升高，沉郁无力，有的伴发腹泻、消瘦、口腔黏膜苍白。肢关节肿胀，有压痛感，间歇性跛行，四肢僵硬而不愿走动，或步行异常。泌乳量下降。有的病牛出现心肌炎、血管炎、肾炎和肺炎等症状。可从感染牛的血液、尿液、关节液、肺和肝脏中检出病菌。

【病理变化】　动物常在被蜱叮咬的四肢部位出现脱毛和皮肤剥落现象。牛在心和肾表面可见苍白色斑点，腕关节的关节囊显著变厚，含有较多的淡红色浸液，同时有增生性滑膜炎，有的病例胸腹腔内有大量的液体和纤维素，全身淋巴结肿胀。

【诊　断】　根据流行特点和临床表现，可以做出初步诊断，确诊需进行实验室检查。由于本病病原体的直接镜检及分离培养比较困难，因而利用血清学方法检测血样中的抗体是实验室检查的主要方法，目前应用最普遍的是免疫荧光抗体试验和酶联免疫吸附试验，但这两种方法对早期感染的检出率都不高，抗体检测阴性并不能排除感染的存在，此时应结合流行病学调查、试验性治疗、病原学检查以及追踪观察血清抗体消长情况等进行综合判断。对于出现关节炎和神经症状的动物，用免疫荧光抗体试验能从关节滑液及脑脊液中检测出高滴度的抗体。

【防　治】　目前尚未研究出特异性的预防措施，因此防治本病应避免家畜进入有蜱隐匿的灌木丛地区；采取保护措施，防止人和动物被蜱叮咬；受本病威胁的地区，要定期进行检疫，发现病例及时治疗；采取有效措施灭蜱；对感染动物的肉应高温处理，杀灭病菌后方可食用。

治疗原则以抗菌、消炎为主。治疗常用药物有青霉素、四环素、红霉素、强力霉素、先锋霉素等，大剂量使用，并结合对症治疗，可收到较好疗效。

十九、李氏杆菌病

李氏杆菌病是一种重要的人兽共患传染病，主要由单核细胞增多性李氏杆菌引起。在牛主要引起脑膜脑炎、流产和急性败血病。本病的发生多与青贮饲料有密切关系，故又将本病称为"青贮病"。

【病　原】　李氏杆菌为革兰氏阳性小杆菌，对温度适应性强，低温（4℃）下比其他细菌生长更好，且毒性更大。对热的耐受性比大多数无芽孢杆菌强，常规巴氏消毒法不能被杀灭，65℃经30～40分钟才被杀灭。对亚硝酸盐和食盐有抵抗力，在20%食盐溶液内能经久不死。对pH值5.0以下缺乏耐受性，pH值5.0以上才能繁殖，至pH值9.6仍能生长。一般消毒药都易使之灭活。

【流行特点】 本病为散发，一般只有少数牛发病，但病死率很高。各种年龄的动物都可感染发病，以幼龄动物较易感，发病较急，妊娠母畜也较易感。有些地区牛、羊发病多在冬季和早春。

自然感染的潜伏期为 2～3 周。有的可能只有数天，也有长达 2 个月的。患病动物和带菌动物是本病的传染源。自然感染可能是通过消化道、呼吸道、眼结膜以及皮肤破伤。饲料和水可能是主要的传播媒介。冬季缺乏青饲料，天气骤变，有内寄生虫或沙门氏菌感染时，均可为本病发生的诱因。

【临床症状】 发病突然，症状不明显，3 天后死亡；急性病例以脑膜炎症状为主，兴奋与沉郁交替出现。病初体温升高 1～2℃，不久降至常温，食欲减退或废绝；共济失调，步态紊乱，转圈，无目的运动，遇障碍物抵住不动；兴奋时发出声嘶力竭的鸣叫声，两眼直视，前冲后退；大量流涎，肌肉颤抖、四肢痉挛性抽搐及流汗，有时颈项强直，角弓反张，后期卧地不起，呈昏睡状，四肢麻痹，侧卧，似游泳状，最后衰竭而死亡。原发性败血症主要见于犊牛，表现精神沉郁、呆立、低头垂耳、轻热、流涎、流鼻液、流泪、不随群行动、不听驱使。咀嚼吞咽迟缓，有时于口颊一侧积聚多量没有嚼烂的草料。脑膜脑炎发于较大的牛，主要表现头颈一侧性麻痹，弯向对侧，该侧耳下垂，眼半闭，甚至视力丧失，沿头的弯曲方向旋转（回旋病）或做圆圈运动，遇障碍物则以头抵靠而不动。病程短的 2～3 天，长的 1～3 周或更长。成年牛症状不明显，妊娠母牛多在无显著症状下发生流产。水牛突然发生脑炎，但病程短，病死率很高。

【病理变化】 有神经症状的病牛，脑膜和脑可能有充血、炎症或水肿的变化，脑脊液增加，稍浑浊，脑干变软，有小脓灶，血管周围有以单核细胞为主的细胞浸润，肝可能有小炎性灶和小坏死灶。败血症的病牛，有败血症变化，肝脏坏死。流产的母牛可见到子宫内膜充血以至广泛坏死，胎盘子叶常见有出血和坏死。

【诊　断】病牛如表现特殊神经症状、妊娠牛流产、血液中单核细胞增多，可怀疑为本病。确诊必须进行细菌分离培养和动物接种试验等。血清学试验可用凝集试验和补体结合试验。

【防　治】平时须驱除鼠类和其他啮齿类动物，驱除外寄生虫，不要从疫区引入牛。发病时应实施隔离、消毒等一般防疫措施。同时加强饲养管理，发病后立即更换饲料，搞好清洁卫生，牛饲槽内剩料及时清理；注意饲料饮水卫生，特别是避免给予发霉、变质、污染、有毒和刺激性大的饲料；饲养工具要专用，不可串用；做好消毒工作，用3%～5%来苏儿或其他消毒药交替对牛舍环境进行消毒，每天1次，2周后，改为1周2次即可；对污染的粪尿及病死牛做无害化处理。

发病牛用磺胺嘧啶钠肌内注射，首次量加倍，每天早晚2次，连续治疗3～5天。并根据病情配合选用碳酸氢钠、维生素C、可的松、葡萄糖和镇静药物等进行辅助治疗。同时，伴发乳房炎的应乳头内注入氨苄西林100万～200万单位，上下午各注射1次连用5～7天。

可同时配合中药治疗：金银花200克，菊花200克，柴胡200克，茵陈80克，黄芩80克，茯苓80克，远志80克，生地80克，木通80克，车前草80克，琥珀20克，混合水煎，供3～5只牛1天内服，饮水、拌料或灌服皆可，但注意对有呼吸困难者不可强行灌服，以免发生意外，连用3～5天。

经过采取以上综合防治措施，一般3天后症状明显好转，1周后发病牛就会恢复正常。

二十、牛传染性角膜结膜炎

传染性角膜结膜炎，俗名红眼病，是由包括衣原体、支原体、立克次体、细菌或病毒等多种微生物共同作用引起牛的一种传染病，其临床特征为眼睛流出大量分泌物、结膜炎、角膜浑浊、溃疡甚至失明。

【病　原】　到目前为止，还难以确定传染性角膜结膜炎的病原。多数学者认为，牛摩拉克氏杆菌及立克次体是牛传染性角膜结膜炎的病原体。病毒可能也参与角膜结膜炎的发病，而细菌只起协同作用或作为继发性病原。

【流行特点】　患病及隐性感染动物是该病的主要传染源，康复后动物不能产生良好免疫，在临床症状消失后仍能带菌、排菌达几个月之久，而且可以重新发病。该病通过直接接触或间接接触被患病动物污染的器具而感染，也可通过飞蝇传播。

本病在动物群中传播迅速，短时间内可使许多动物感染发病，多流行于夏秋季节的放牧牛群。不良的气候和环境因素可使本病症状加剧，尤其是强烈的日光照射。该病具有地方性流行的特点。

【临床症状】　潜伏期通常为3～7天。发病初期，患牛结膜充血，眼中流出大量浆液性分泌物，眼睑炎性肿胀；随后泪液成脓性，眼睫毛粘连，眼睑常常闭合；2～4天后角膜明显充血，其中心处浑浊呈微黄色，有一圈暗红色边缘围绕；第三眼睑可见颗粒状滤泡。严重病例发生角膜糜烂和溃疡，以至于最后失明。病程1～2周，有时经1～2个月自然痊愈。由于眼结膜角膜的炎症，患病犊牛采食受到明显影响，生长发育受阻，牛产奶量明显下降。

【诊　断】　根据流行特点与特征性症状，该病诊断并不困难。实验室诊断可采集泪液或结膜刮取物进行姬姆萨染色，检查上皮细胞内原生小体，或用荧光抗体染色镜检。

【防　治】　放牧牛群发生本病后应改为舍饲，减少围栏育牛的密度有利于控制本病。发病动物早期用金霉素、红霉素、土霉素眼药膏或水剂，结合氢化泼尼松局部治疗，3～5天可取得良好的效果。严重病例可在局部用药的同时，肌内注射青霉素可提高治愈率。

本病尚无疫苗用于预防。在本病常发的地区，应做好牛圈舍周围环境的灭虫。新引进的牛在合群饲养前经局部或全身给予抗生素，可减少本病的发生。

二十一、弓形虫病

弓形虫病又称弓形体病、弓浆虫病，是由刚地弓形虫引起的人兽共患原虫病。该病在世界各地流行，人和动物感染率都很高。

【病　原】　弓形虫属于肉孢子虫科、弓形虫亚科、弓形虫属，只有一个血清型，宿主不同，致病性有所不同。在其发育的不同阶段，形态有 5 种类型：速殖子（滋养体）、包囊、裂殖体、配子体和卵囊。各阶段均具有传染性，虫体对寄生组织选择性不强，肌肉、内脏、血液、腹水、唾液、眼鼻分泌物及奶、蛋、尿中都能生存。速殖子对外界抵抗力较弱，直射阳光、普通消毒药可很快致死，对低温有较强适应性，4℃最长可存活 90 天，冷冻存活时间更长。卵囊对外界抵抗力较强。

【流行特点】　传染源为病畜、带虫动物和人。牛通过采食卵囊污染的饲料、饮水经消化道感染，也可经损伤皮肤和黏膜感染，胎盘感染可导致先天性弓形虫病。人和其他家畜、野生动物为中间宿主，体内有速殖子、包囊，为虫体无性生殖过程；猫为终末宿主（亦可为中间宿主），体内有裂殖子、配子体和卵囊，为虫体有性生殖过程。病畜和带虫者的肌肉、内脏、血液、渗出液和排泄物中均可能有弓浆虫；乳汁中也曾分离出弓浆虫；流产胎儿的体内、胎盘和其他流产物中都有大量弓浆虫。

【临床症状】　犊牛见有呼吸困难，咳嗽，发热，头震颤，精神沉郁和虚弱等症状，常于 2～6 天死亡。

成年牛病初高度兴奋，体温升高至 40～41.5℃，呈稽留热；脉搏增数，呼吸增数，呈腹式呼吸，咳嗽；食欲减退或废绝，反刍停止；粪便干、黑，外附血液和黏液；肌肉震颤，步态不稳，共济失调。严重者后肢麻痹，卧地不起；腹下、四肢内侧出现紫红色斑块，体躯下部水肿；后期表现兴奋不安、吐白沫，窒息死亡。病程较长者可见神经症状，最后死亡。

【诊　断】　弓形虫病无特征性症状，易与许多病相混淆，根据流行特点、临床症状和病理变化仅能做出初步诊断，确诊需做病原体和血清学检查。

病原体检查可取病牛生前发热期血液、尿液、唾液等，死后取脏器及胸腹水等涂片、姬姆萨或瑞氏染色后镜检，根据有无月牙形速殖子而判定。

血清学诊断方法有间接血凝试验、荧光抗体试验、补体结合试验、酶联免疫吸附试验等，皮内变态反应也可用于此病诊断。

【治　疗】　一般认为磺胺类药物和抗菌增效剂联合应用效果较好。但要注意发病后及早给予治疗；首次剂量可以加倍；治疗必须有合理的疗程，以免影响治疗效果和病原体耐药性的产生。具体用法如下：①磺胺 -6- 甲氧嘧啶（SMM）60～100 毫克 / 千克体重，单独口服，或配合甲氧苄胺嘧啶（TMP）14 毫克 / 千克体重，口服，每日 1 次，连用 4 次。②磺胺甲氧吡嗪（SMPZ）30 毫克 / 千克体重，甲氧苄胺嘧啶（TMP）10 毫克 / 千克体重，口服，每日 1 次，连用 3 次。③12% 复方磺胺甲氧吡嗪（SMPZ）注射液（SMPZ：TMP ＝ 5：1）按 50～60 毫克 / 千克体重，每日肌内注射 1 次，连用 4 次。④磺胺嘧啶（SD）70 毫克 / 千克体重，甲氧苄胺嘧啶（TMP）14 毫克 / 千克体重，口服，每天 2 次，连用 3 ～ 4 天。

另据报道，磺酰氨苯砜（SDDS）乙胺嘧啶、螺旋霉素等对弓形虫病有效，可试用。

【防　治】　因猫为弓形虫的终末宿主，预防本病的主要措施是禁止猫出入饲养场，防止猫粪污染饲料、饮水，屠宰下脚料必须煮熟后方可用作饲料。加强圈舍消毒。发生本病后，用磺胺类药物紧急治疗，有良好效果。

二十二、牛溃疡性乳头炎

牛溃疡性乳头炎又称牛疱疹性乳头炎，是由牛疱疹病毒 2 型（牛溃疡性乳头炎病毒）引起牛的传染病。以乳头和乳房皮肤形成严重溃疡为临床特征。

【病　原】　牛疱疹病毒对热不稳定，50℃加热 1 小时，在室温保存 105 天感染力下降。在 4℃条件下保存 1 个月稳定。可耐受反复冻融。对乙醚和氯仿均敏感，易被碘仿灭活，而对次氯酸钠不敏感。

【流行特点】　牛是本病的自然宿主，可能是病毒的自然贮存者，因此病牛和隐性感染的带毒牛是本病的传染源。病变部位破溃后，可排出大量病毒，能持续 10 天左右。本病呈季节性发生，多在夏季到晚秋，也有地区性，在潮湿的洼地和河流沿岸地区多发。在牛群第一次感染时，发病率较高，各种年龄的挤乳牛均可患病；而在发生过本病的牛群中却仅限于初产母牛。

【临床症状】　本病根据临床症状分为以下 3 种类型：

1. 全身性皮肤病型　潜伏期 5～10 天，病初发热、白细胞减少，有时可见贫血。发热前后，在颜面、颈部、背部和会阴部皮肤上出现中心呈红色坚硬而扁平的隆起。此隆起物仅限于表皮，初期直径为 0.5～1.0 厘米，随着病程的进展逐渐增大，3～4 天后直径达 2～3 厘米，此时中心部变成暗紫色、脱毛，随后局部表皮坏死、形成痂皮并脱落。

2. 乳头炎型　潜伏期 3～7 天，发热（39.5～40.5℃）的前后出现病灶。病灶局限于一个或几个乳头上，有时也见于乳头的皮肤上，但不波及全身。病灶多在挤乳时发现，病牛不安，触诊感染的乳头敏感，乳头肿胀、出现水疱、破溃后形成痂皮，没有细菌继发感染时，经 2～5 周痊愈。乳牛发病后难以挤乳，泌乳量减少 20% 以上。有的因乳汁中混有血液而不能出售。如果进一步侵害乳头括约肌或由于后遗症而引起乳房炎，病牛多半失去饲养价值。

3. 口炎和颜面疾病型 大部分病例是哺乳期的犊牛，病灶主要见于鼻镜、下颌、口唇和舌下部，哺乳母牛一定患有本病，因哺乳接触而感染。

【病理变化】 虽然在临床上病型不同，但各型之间的病理变化却很相似。病灶的特征是表皮生发层细胞间水肿和形成具有核内包涵体的合胞体。在表皮可见单核细胞和多形核白细胞浸润，随后形成痂皮而脱落；在真皮也可见类似病灶，特别是在血管周围有大量单核细胞和淋巴细胞浸润。

【诊　断】 根据本病的发病特点、临床症状及病理变化等可做出初步诊断，进一步确诊需做实验室诊断。

血清学试验一般采用中和试验，在病牛病灶出现7～9天后产生中和抗体，2～3周达高峰。因此，用急性期和恢复期的双份血清检查中和抗体效价是否有明显上升，若后者明显高于前者，可做出诊断。

另外，可采用免疫荧光抗体技术诊断本病。

【防　治】 加强卫生管理，及时对病牛进行隔离饲养，挤奶过程要加强消毒，防止将感染牛引进易感牛群。必要时可接种疫苗。本病的康复牛血清中有中和抗体，患过本病的牛能获得完全保护力，至少可持续8个月。

目前本病无特效疗法，仅采取对症治疗，促进痂皮的形成。在挤奶前给乳房敷水溶性抗生素类药物软膏或碘甘油，并在挤奶之后立即用一种收敛洗剂进行处理可收到效果。

第三章

寄生虫病

一、小型焦虫病

　　小型焦虫病是由泰勒科、泰勒属的各种梨形虫寄生在牛的血细胞（包括巨噬细胞、淋巴细胞和红细胞）内所引起的疾病的总称。

　　【病　原】　目前已报道寄生于牛的泰勒虫有 5 种，目前我国发现 2 种，即环形泰勒虫和瑟氏泰勒虫 2 种。环形泰勒虫的配子体寄生在牛红细胞内（也称为血液型虫体），虫体很小，形态多种多样，有 70%～80% 的虫体形态是圆环形或卵圆形，其他形态有杆形、梨籽形、逗点形、"十"字形、三叶形等。裂殖体（或称为石榴体）寄生于牛巨噬细胞和淋巴细胞中，并在其中进行裂殖生殖，裂殖体有两种类型，一是无性生殖的大裂殖体，另一种是有性生殖的小裂殖体。用姬姆萨染色，虫体胞质呈淡蓝色，其中含有许多紫红色颗粒状的核。瑟氏泰勒虫的形态与环形泰勒虫相似，只是红细胞内虫体形态以杆形和梨籽形为主。

　　【流行病学】　环形泰勒虫的传播者是璃眼蜱属的蜱（我国主要是残缘璃眼蜱），瑟氏泰勒虫的传播者是血蜱属的蜱（如我国的长角血蜱、青海血蜱）。幼蜱或若蜱吸食了带虫的血液后，虫体在蜱体内发育繁殖，当蜱在下一个发育阶段（成蜱）吸血时就可传播本病，泰勒虫与巴贝斯虫不同，不能经蜱卵传播。发病季节为 6～8 月份。1～3 岁牛最为敏感，病死率 16%～60%，一般情况下患过本病的牛不会再发病，但成为带虫者，带虫免疫可达 6 年之久，当过度劳役或发生其他疾病时，可导致复发。外地牛、纯种牛敏感性高，耐受性低，症状明显。

【临床症状】 潜伏期 14～20 天，急性病例发病后 3～20 天趋于死亡。病初体温升高，呈稽留热（40～42℃），随之出现精神沉郁、食欲不振、反应迟钝等一般症，而体表淋巴结肿大是本病的特征性病症，病牛的肩前淋巴结、腹股沟浅淋巴结肿大，初为硬肿，有压痛感，后渐变软，不易推动。病牛出现贫血、消瘦，红细胞减至 200 万～300 万／毫米^3，血红蛋白降至 20%～30%，血沉加快，出现异形红细胞。耐过的病牛成为带虫者。大约过 1 个月后，再次发热引起急性贫血，其温差可在 1℃以上，呈稽留热。随着病情发展贫血逐渐加重，病牛表现精神沉郁、食欲废绝、四肢无力。由于贫血而发育受阻，放牧时行动迟缓，跟不上牛群而落群。如不能及时发现及适当的治疗，病牛就会由于贫血而死亡。

【诊　断】 根据流行病学、临床症状（高热、淋巴结肿胀、贫血）和病理变化可做出初步诊断，确诊需镜检血片中有虫体或穿刺淋巴结检查到石榴体。

【防　治】 预防重点是灭蜱。环形泰勒虫病的疫区可用该虫裂殖体胶冻细胞苗进行免疫接种，保护期 1 年以上，但这种虫苗对瑟氏泰勒虫病无交叉免疫保护作用。

本病目前尚无特效药，但在病的早期使用较有效的杀虫药，结合对症辅助治疗，可明显降低死亡率。磷酸伯氨喹啉（Primaquine，PMQ），0.75～1.5 毫克／千克体重，每日口服 1 次，连用 3 天，可迅速降低红细胞的染虫率。三氮脒，3.5～5 毫克／千克体重配成溶液，肌内注射，每日 1 次，连用 3～5 天。

对症治疗包括补液、强心、止血、健胃、缓泻，还应考虑适当给予抗生素防止继发感染，对严重贫血病例可进行输血。

二、大型焦虫病

本病是由焦虫科、焦虫属中的双芽巴贝斯焦虫和牛巴贝斯焦虫引起的一种急性季节性疾病，呈地区性流行，多发生于夏、秋两季，主要发生于放牧牛。

【病　原】

1. 双芽巴贝斯焦虫　它寄生于宿主的红细胞中，虫体长度大于红细胞的半径，是一种大型焦虫，虫体形态多样，有圆形、梨籽形、椭圆形及不规则形，典型的形态是两个梨籽形虫体以其尖端成锐角相连。绝大多数虫体位于红细胞的中部，每个红细胞内虫体寄生的数目多为 1～2 个，偶尔见 3 个以上，红细胞染虫率为 2%～5%，每个虫体内有一团染色质块，经姬姆萨染色后，染色质呈紫红色，而细胞质呈淡蓝色。

2. 牛巴贝斯焦虫　它亦寄生于宿主红细胞内，虫体长度小于红细胞半径，大部分虫体寄生于红细胞边缘，典型形态亦为梨籽形，单个或成对。成对的虫体呈钝角相连。

【流行病学】　在我国已查明双芽巴贝斯焦虫的传播者是微小牛蜱，以经卵传播方式，由次代若虫和成虫阶段传播，幼虫阶段无传播能力。已证实双芽巴贝斯虫在牛蜱体内可继代传递 3 个世代之久。微小牛蜱主要寄生于牛，每年可繁殖 2～5 代，每代所需时间约为 2 个月，该病在一年之内可暴发 2～3 次，我国南方主要发生于 6～9 月份。微小牛蜱在野外发育繁殖，所以本病多发生于放牧时期，舍饲牛较少发生。不同年龄和不同品种牛的易感性不同，2 岁内的犊牛发病率高，但症状轻，死亡率低；相反，成年牛发病率低，但症状严重，死亡率高；纯种牛和从外地引入的牛易感性高，容易发病。牛巴贝斯焦虫的传播者为硬蜱属的一些蜱，也可通过胎盘感染胎儿。

【临床症状】　潜伏期 8～15 天，甚至更长。病初体温升高至

40～42℃，稽留热，可持续 1 周以上，伴随体温的升高，呼吸和脉搏加快，精神不振，喜卧地，食欲减退，反刍迟缓或停止，腹泻或便秘，粪便呈黄棕色或黑褐色，妊娠母牛可发生流产，泌乳牛泌乳量减少或停产。随着病情的发展，由于大量红细胞被破坏带来一系列变化，可见贫血、消瘦，黏膜苍白和黄染，并出现血红蛋白尿，尿液颜色从淡红变为棕红色乃至黑色。血液稀薄，大量的红细胞被破坏，红细胞数降至 100 万～200 万 / 毫米 ^{3}，血红蛋白量减少到 25%，血沉快 10 倍以上，白细胞初期正常，以后增至正常的 3～4 倍。重症者如不治疗，1 周内死亡，死亡率高达 50%～80%。慢性病例体温升幅较小，在 40℃左右维持数周，伴有渐进性贫血和消瘦，一般要经几周甚至数月才能康复。

【诊　断】　首先了解当地以往的发病情况，是否存在传播本病的蜱，发病前有无从其他地区引进牛只。其次，有无特征性临床症状，如出现体温在 40℃以上，稽留热，贫血，黄疸和血红蛋白尿，可怀疑为本病。确诊需进行病原检查，在体温升高后 1～2 天，采耳静脉血涂片、染色镜检，如发现典型虫体即可确诊。

【防　治】　治疗要做到早确诊、早给药，同时加强饲养管理，结合病情给予健胃、强心、补液等措施。常用特效药有：三氮脒（贝尼尔），3.5～5 毫克 / 千克体重，配成 5%～7% 溶液，深部肌内注射。咪唑苯脲，1～3 毫克 / 千克体重，配成 10% 溶液，肌内注射。本药安全性较好，对各种巴贝斯虫有较好的治疗效果，但残留期长，屠宰前 28 天应停药。锥黄素（吖啶黄），3～4 毫克 / 千克体重，配成 0.5%～1% 溶液，静脉注射，症状未减轻时，24 小时后重复用药 1 次，经治疗的病牛，数日内应避免烈日照射。喹啉脲（阿卡普林），0.6～1 毫克 / 千克体重，配成 5% 溶液，皮下注射，注射后会出现肌肉震颤、呼吸困难、出汗等不良反应，但 1～4 小时后自行消失，妊娠牛可能会引起流产。反应严重的可皮下注射阿托品，剂量为 10 毫克 / 千克体重。

中药治疗：贯众80克，槟榔45克，木通40克，泽泻40克，茯苓30克，龙胆草30克，厚朴35克，鹤虱40克，甘草15克，水煎，一次灌服。每日1剂，连用2～3剂。可先用三氮脒后用本方。

在疫病流行地区应采取有计划地灭蜱措施，包括使用杀蜱药物杀灭牛体上及牛舍内的蜱。不到有蜱滋生的牧场放牧。牛只的调运最好选在无蜱活动的季节进行，调运前先用药物杀蜱。敏感牛调入疫区时，可用咪唑苯脲预防。

三、附红细胞体病

附红细胞体病（简称附红体病）是由附红细胞体引起的人兽共患传染病，以贫血、黄疸和发热为特征。

【病　原】　附红细胞体过去认为是一种原虫，现在将其列入立克次体目、无浆体科、附红细胞体属，是一种多形态微生物，多数为环形、球形和卵圆形，少数呈顿号形、杆状。

附红细胞体多在红细胞表面单个或成团寄生，呈链状或鳞片状，也有的在血浆中呈游离状态。对苯胺色素易于着染，革兰氏染色阴性，姬姆萨染色呈紫红色，瑞氏染色为淡蓝色。在红细胞上以二分裂方式进行增殖。

附红细胞体对干燥和化学药物比较敏感，一般常用浓度的消毒药在几分钟内即可使其死亡，0.5%苯酚于37℃经3小时可将其杀死；但对低温冷冻的抵抗力较强，可存活数年之久。

【流行病学】　该病呈地区性流行，潜伏期2～45天，主要发生于放牧牛。本病的传播途径，目前尚不完全清楚。报道较多的有接触性传播、血源性传播、垂直传播及媒介昆虫传播等。动物之间、人与动物之间长期或短期接触可发生传播。可经被附红细胞体污染的注射器、针头等注射，以及打耳标、剪毛、人工授精等操作传播。本病多发生于夏秋或雨水较多季节，此期正是各种吸血昆虫活动频繁的高峰时期，如虻、蚊、螫蝇等可能是传播本病的重要媒介。

【临床症状】 病牛体温升高达 40～42℃，呼吸增数至 60 次 / 分，脉搏增数至 100～120 次 / 分，食欲不振或废绝，精神委顿，可视黏膜、乳房及阴户黏膜黄染，贫血；腹泻，粪便恶臭；严重者，卧地不起，排红褐色尿，妊娠牛流产，全身肌肉震颤，流泪，流涎，黄疸严重，热骤退后死亡。

【诊　断】 根据临床高热、黄染、贫血、腹泻及实质器官的肿大、变性等特征性变化，可做出初步诊断。实验室检查，血液稀薄，红细胞数减少，血红蛋白下降，血红蛋白尿，血浆白蛋白下降，淋巴细胞及单核细胞上升等。确诊需依靠实验室镜检或血清学检查。

采用直接镜检仍是当前诊断附红细胞体病的主要手段，包括鲜血压片和涂片染色。用吖啶黄染色可提高检出率。在血浆中及红细胞上观察到不同形态的附红细胞体可以确诊。

【防　治】 预防本病要采取综合性措施，尤其要驱除媒介昆虫，做好针头、注射器的消毒，消除应激因素。

治疗原则是阻止病原体在体内增殖和感染。治疗药物有卡那霉素、强力霉素、土霉素、血虫净（贝尼尔）氯苯胍、新胂凡钠明等，一般认为土霉素、新胂凡钠明是首选药物。

四、牛锥虫病

牛锥虫病是由一种伊氏锥虫寄生于牛血液中所引起的原虫病，又称苏拉病。临床特征是间歇热、贫血、消瘦、耳尾干枯坏死。本病危害严重，常可引起牛的大批死亡。

【病　原】 伊氏维虫呈纺锤形，前端尖、后端粗钝，前端具有一根鞭毛，沿体侧直达体后，具有波动膜。

【流行病学】 本病的传染源是带虫牛，包括隐性感染和临床治愈的病牛。病牛带虫时间可达 2～3 年。本病的传播是通过牛虻、螯蝇刺蜇病牛或带虫牛后，再刺蜇其他易感的健康牛，造成传播。

牛伊氏锥虫病是热带、亚热带地区常发的原虫病，我国华南地区螯蝇长年不断，故该病也常年发生。

本病主要由锥虫毒素引起发病。毒素游离于血液及组织液中，首先作用于神经系统，引起功能障碍，牛出现神经症状；继而侵害网状内皮系统和骨髓，使红细胞溶解，导致红细胞数减少，出现贫血；心肌受到侵害时，引起心肌功能障碍，导致发生水肿。同时由于红细胞数减少，氧供应不足，引起酸中毒，继而引起精神沉郁，以至昏迷等症状。

【临床症状】 急性病例，表现为间歇热，体温最高可达 41℃以上，持续 1～2 天后下降，间歇期 1～2 天。血液内有虫体并有高热的牛不多见，而有虫体且体温较高或正常的牛较多见。

慢性病例，表现精神沉郁，食欲减退，渐进性消瘦，贫血，黏膜苍白，眼流泪或有大量灰白色分泌物，结膜有出血斑点，四肢和身体下垂部水肿，四肢无力，走路摇晃，伏卧昏睡或瘫痪卧地，耳尖、尾端发生干性坏死和脱落。

血液检验：红细胞数减少到 300 万个 / 毫米^3 以下，白细胞增多高达 20 000 个 / 毫米^3 以上，血红蛋白降低到 50% 左右。

【病理变化】 皮下水肿。血液稀薄，凝固不全。胸腹腔内含有大量浆液性液体。脾脏肿大，急性者髓质呈软泥状，慢性者质硬，色淡，包膜下有出血点。肝脏肿大，质地脆弱、淤血、切面呈豆蔻样。肾脏浑浊肿胀，皮质部有点状出血。心肌切面呈煮肉样，心内外膜有明显的点状出血。内脏淋巴结肿胀充血。

【诊　断】 根据流行病学和间歇性发热、严重贫血、进行性消瘦、耳尖及尾端干枯坏死的临床特征可做出初步诊断。确诊必须在血液检查中找到虫体。

血液抹片法：由病牛耳尖或颈静脉采血，取一滴血液涂厚血片，干燥，用姬姆萨染色，在油镜下观察有无虫体。

【防　治】　治疗可选用以下药物：①贝尼尔（血虫净），每千克体重 3.5～5 毫克，用灭菌蒸馏水配成 5% 溶液，一次肌内注射，每日 1 次，连用 2～3 次。②萘磺苯酰脲（苏拉明，那嘎诺尔，拜耳 205），每千克体重 8～12 毫克，用生理盐水配成 10% 溶液，静脉注射，一般一次即可。③新胂凡钠明（914），每千克体重 10～15 毫克，用 5% 葡萄糖溶液 200 毫升稀释，缓慢一次静脉注射（切勿漏出静脉），每头牛总剂量不超过 6 克。④喹嘧胺（安锥赛），每千克体重 3～5 毫克，以灭菌生理盐水配成 10% 溶液，肌内注射。隔日注射 1 次，连用 2～3 次。⑤盐酸氯化氮氨啡啶（沙莫林），每千克体重 0.5～1 毫克，用生理盐水配成 2% 溶液，深部肌内注射。⑥锥净，每千克体重 0.5 毫克，用蒸馏水配成 0.5%～1% 溶液，肌内注射。

在临床治疗中，除使用特效药治疗外，还应根据症状，进行强心、补液、健胃等对症治疗。对锥虫病的治疗，一般以 2 种以上药物配合使用疗效好，且不易产生耐药性。配合使用时，先用一种药治疗 1 次，过 5～7 天再用另一种药治疗 1 次，或轮换用药。

本病目前主要靠药物预防，可选用喹嘧胺、萘磺苯酰脲、盐酸氯化氮氨啡啶等。喹嘧胺的预防期最长，注射 1 次预防效果可维持 3～5 个月；萘磺苯酰脲用药 1 次有预防作用可维持 1.5～2 个月；盐酸氯化氮氨啡啶预防期可达 4 个月。在疫区尚可推行普查普治、严格检疫的做法，如能坚持查治 3～4 年，且不引进新的病畜，当地伊氏锥虫病可以得到有效控制。

喹嘧胺预防盐的配制：喹嘧胺预防盐 350 克（内含喹嘧胺 1.5 份，氯化钠 2 份），灭菌蒸馏水 1 500 毫升，充分振荡混合均匀后即可使用。用量：体重 150 千克以内，每千克体重 0.05 毫升；体重 150～200 千克，每千克体重 10 毫升；体重 200～350 千克，每千克体重 15 毫升；体重 350 千克以上，每千克体重 20 毫升。在颈侧中央部皮下注射。注射 1 次有效期为 3.5 个月。

五、肝片吸虫病

肝片吸虫病俗称肝蛭，是由片形科、片形属的吸虫寄生于各种家畜的肝脏胆管内，引起慢性或急性肝炎和胆管炎、实质性肝炎和肝硬化等病变，并伴发全身中毒现象和营养障碍等症状的一种疾病。

【病　原】 肝片吸虫病的病原体为肝片吸虫和大肝片吸虫2种。前者在华北和西北一带较为普遍，后者在华南、华中和西南地区较常见。

【生活史】 肝片吸虫的生活史包括毛蚴、胞蚴、雷蚴、尾蚴、囊蚴、童虫、成虫等阶段，其中间宿主为椎实螺科的淡水螺。成虫在终末宿主肝脏胆管内排出的虫卵随胆汁到肠道内，再和粪便一起排出体外。

【流行病学】 本病呈地方性流行，多发生在低洼和沼泽地带的放牧畜群内。夏秋季多发，特别是暴雨之后，随着雨后水涨而广泛地在草叶上形成囊蚴。在南方本病没有明显的季节性，常年均能感染，但以春夏两季最为严重。在多雨的年份，往往没有水洼和沼泽地区的家畜也可大批被感染；特别是长时期在同一潮湿的地段放牧时，家畜出现肝片吸虫的高度感染。被感染的家畜随粪便排出虫卵，牧地污染越来越严重，经过若干时间，便可以造成再侵袭。牛排的虫卵较少，而且牛在感染后24周会将体内成虫排出，造成粪中2～4个月无虫卵。

【临床症状】 本病对于幼牛的危害特别严重，可以引起大批死亡。妊娠牛可能发生流产，产死胎或很弱的犊牛。1.5～2岁的犊牛患病症状比较严重。成年牛患病的症状一般不明显，主要表现为患牛消瘦，泌乳量日渐减少。当重剧感染时，青年母牛泌乳量急剧降低，黏膜苍白，食欲不振，发生间歇性卡他性肠炎，瘤胃蠕动迟缓，有时还发生严重的黄染。由于瘤胃蠕动迟缓，常见便秘与腹泻交替发生。患牛终因恶病质死亡。肺脏有虫体寄生时，患牛表现咳嗽。

【病理变化】 主要病变在肝脏（100%）和肺脏（35%～50%）。急性肝炎，肝肿大、出血，切面有黏稠污黄色液体流出，其中混杂有未成熟的虫体。慢性肝炎，病变部位萎缩，表面粗糙、质硬，呈灰白色；胆管扩大，充满灰褐色胆汁和虫体。

【诊　断】 根据临床症状、粪便检查、病理变化及流行病学等可做出诊断。

粪检发现虫卵，或病理剖检在肝或其他器官内发现幼虫，可确诊。粪便检查的方法有离心沉淀法、尼龙筛兜集卵法和硝酸铅漂浮法。

【防　治】 驱除肝片吸虫药物及方剂如下：

①西药治疗 硫双二氯酚，0.1～0.15克/千克体重，内服。硝氯酚，3～7毫克/千克体重，灌服。丙硫苯咪唑，10～15毫克/千克体重，灌服。肝蛭净，10毫克/千克体重，一次口服，对成虫、童虫均有效。

②中药治疗 可用贯众50克，槟榔30克，龙胆12克，泽泻12克，鹤虱30克，大黄30克，共研末，加温水冲服。该方适用于病初，以杀虫为主。还可用肝蛭散：苏木30克，贯众45克，槟榔30克，茯苓30克，木通20克，泽泻20克，肉豆蔻20克，龙胆草30克，厚朴20克，甘草20克，共研末，一次加温水冲服。

对本病应采取综合性防治措施。

第一，选择放牧地。选择无肝片吸虫感染的干燥地方放牧，不宜在有沼泽和低洼的牧地上放牧，如果发现牧场上有螺时，应禁止放牧。

第二，轮牧。如果不得已利用低洼牧地，则应进行有计划的轮牧。放牧1～2个月后，应将牛群转移到其他地段。

第三，饮水处理。禁止牛群在有螺的泥沼、水池、水洼及停滞不流的小溪内饮水，最好是饮用井水或质量好的流水；饮水处还应设立栏杆，以免被家畜粪便污染。

第四，保证牧草卫生。囊蚴时常附着于植物根部，因此，收割沼泽地区的牧草时应较一般地区留茬高一些；有嫌疑的草在收获后应仔细晒干，贮藏 6 个月以后再使用。

第五，检查带虫牛。在多雨的年份内，应对牛群进行大批检查和预防性驱虫。发现病例或粪便检查时发现有肝片吸虫带虫的地点，应认为是不安全地点。在每年的 1～2 月份应充分检查肝片吸虫的带虫者，并进行治疗。

六、肺线虫病

肺线虫病是由网尾科、网尾属的某些线虫寄生于牛羊等反刍兽的气管和支气管内所引起的一种疾病。该病呈地方性流行，对犊牛危害大，可引起支气管炎、肺炎，严重时可造成死亡。

【病　原】　胎生网尾线虫主要寄生于牛的气管和支气管。雄虫长 24～43 毫米，雌虫长 32～67 毫米。虫卵椭圆形，内含幼虫。第一期幼虫头端钝圆，无纽扣状突起，尾端短而尖。

【流行病学】　网尾线虫幼虫发育时对温度的要求偏低，在4～5℃的环境，幼虫就可以发育，在低温中可存活 23 周。感染性幼虫对低温的抵抗力更强，在积雪覆盖下仍能生存，但不能抵抗干燥。各种年龄的牛均易感染，有些地区成年牛的感染率往往高于犊牛，但对 1 岁左右的犊牛危害严重。当牛体健壮、抵抗力强时，幼虫可在肠系膜淋巴结或肺泡内停留 5～6 个月，待抵抗力降低时，才移行到支气管内成熟，引起发病。成虫在肺内寄生的时间与牛体的抵抗力有关，营养状况好时，虫体寄生的时间就短，有时只有 2～3 个月；反之，虫体寄生的时间就长，可达 1 年以上。

【临床症状】　感染轻微的牛通常呈慢性经过，症状不明显。

犊牛症状较严重，初期表现咳嗽，在被驱赶后和夜间休息时尤其明显，在牛舍附近可以听到牛群的咳嗽声，呼吸音增强并有啰音。严重感染时，呼吸浅表，急促而痛苦。病牛流鼻涕，干涸后在鼻孔周围形成痂皮；有时鼻涕很黏稠，悬垂在鼻孔下面，常打喷嚏。病牛逐渐消瘦，被毛枯干，贫血，头胸部和四肢水肿，呼吸困难。如无继发性感染，则体温一般不升高。

【病理变化】 尸体消瘦、贫血。主要病变在肺部，支气管和中隔淋巴结肿大。支气管内含有黏性至黏脓性甚至混有血液的分泌物团块，其中含有大量的成虫、幼虫和虫卵。可能有个别支气管发生阻塞，致使支气管扩张，管壁增厚，黏膜出血。肺气肿，肺门淋巴结肿大，有时胸腔积液，肺脏肿大，有大小不一的块状肝变。

【诊　断】 根据临床症状（特别是咳嗽）和流行病学特点，可怀疑为本病。粪便检查应采取新鲜粪便，通过漂浮分离法发现幼虫可确诊；尸体剖检时在气管、支气管发现大量的虫体和相应的病变也可确诊。

【防　治】 治疗可用噻苯咪唑、左旋咪唑、丙硫咪唑、氰乙酰肼、伊维菌素等药物进行驱虫。该病的预防可从以下几方面着手：改善饲养管理，合理补充精料，增强牛的抗病能力，可以减少虫体寄生数量和缩短寄生时间。成年牛和幼龄牛分群饲养，尽量避免到潮湿牧地放牧，有条件的地方应实行分区轮牧，定期更换牧地，注意饮水卫生，以减少牛接触感染性幼虫的机会。牛由放牧改为舍饲前后应进行1～2次驱虫。

七、球 虫 病

牛球虫病以出血性肠炎为特征，主要发生于犊牛。已报道的牛球虫超过10种，其中邱氏艾美耳球虫和牛艾美耳球虫的致病力最强，在我国也是最为常见的虫种，对牛的危害最大。这2种球虫均寄生在牛的大肠和小肠，卵囊为亚球形或卵圆形。在广东，已发现的牛球虫有4种，即牛艾美耳球虫、邱氏艾美耳球虫、椭圆形艾美耳球虫和亚球形艾美耳球虫。

【生活史】 艾美耳属球虫在细胞内寄生，其生活史属直接发育型，不需中间宿主。随粪便排出的卵囊是未孢子化卵囊，在外界适宜环境（温度、湿度和氧气）下，最终形成8个子孢子，包含在4个孢子囊中，即发育成孢子化卵囊。当孢子化卵囊污染饲料和饮水，被牛吞食后，球虫的寄生即告开始。球虫卵囊壁在胃壁的机械作用下破裂，释放出孢子囊。孢子囊在十二指肠和小肠中部受胆汁、酶以及高浓度的二氧化碳作用下，孢子囊溶解，子孢子逸出，并迅速侵入肠黏膜上皮细胞内，变为球形的滋养体。在感染后1～2天内，滋养体迅速生长，感染后第3天，成为内含数个至数百个裂殖子的裂殖体。裂殖体破裂，裂殖子逸出，裂殖子呈香蕉形，又侵入新的黏膜上皮细胞，形成第2代裂殖体。经反复数次裂殖生殖之后，裂殖子不再形成裂殖体，而转变为有性生殖体，有的成为雄性的小配子体，有的成为雌性的大配子体。配子体经1～2天成熟，小配子体中形成许多具有两根鞭毛的小配子。小配子离开宿主细胞，进入大配子，完成受精过程。大配子受精成为合子，其表面形成一厚壁，合子即变为卵囊，卵囊从肠黏膜脱落，随粪便排出体外。

【流行病学】 该病在南方，一年四季均可发生，但以高温高湿的春夏季多发，环境卫生差、地面潮湿有利于本病发生，应激、患某些传染病也易诱发本病。健康牛通过摄入被感染性卵囊污染的牧草、垫草、饮水而被感染，犊牛可通过污染乳房哺乳感染。

本病分布地域广，广东省各地均检出阳性牛，个别地区的感染率高达85%。各品种的牛都有易感性，但2岁以内犊牛发病率、死亡率高，老龄牛多为带虫者，临床症状不明显。感染少量卵囊，不会发病，相反可产生一定的免疫力。短时间内感染10万个卵囊，可产生明显的症状；感染25万个卵囊，犊牛可死亡。

【临床症状】 一般认为本病可发生于任何年龄的牛，多发生于 1 个月以上的犊牛，3～18 个月的青年牛感染率特别高。病初出现轻度下痢，不久即排黏液性的血便，甚至带有红黑色的血凝块及脱落的肠黏膜，粪便恶臭。由于排黏液性血便，尾部、肛门及臀部被污染成褐色，在墙壁和牛床上可见到散在的红褐色的稀便。症状进一步发展后，病牛弓腰努背，由于腹痛用后肢踢腹部，并不断地努责，如果治疗不及时会因衰弱而死亡。

【病理变化】 病变主要发生在肠道，肠黏膜肥厚，呈出血性炎症，淋巴滤泡肿大，有白色和灰色小病灶，并出现溃疡灶。直肠内容物呈褐色，带恶臭，有纤维性薄膜和黏膜碎片，肠系膜淋巴结有炎症、肿大，病程长的尸体消瘦，可视黏膜苍白、肛门括约肌松弛、外翻、周围沾满稀粪。

【诊　断】 根据排血粪、粪便恶臭以及肠道出血性炎症、溃疡，结合流行病学特征可做出初步诊断，镜检粪便和肠道刮取物，发现卵囊或裂殖体即可确诊。

【防　治】 预防应采取隔离饲养、环境消毒和药物治疗等综合防治措施，因成年牛多为带虫者，所以犊牛应与成年牛分开饲养，不使用同一牧地放牧。保持舍内清洁卫生，粪便和垫草要集中进行无害化处理，哺乳母牛的乳房要经常清洗，保持洁净，避免突然改变饲料和饲养方式等应激刺激，对高发区可在饲料中加入氨丙啉、莫能霉素、氯吡醇、尼卡巴嗪等抗球虫剂进行预防。

治疗用药物驱虫，重症辅以强心、补液、止血等。多种磺胺药物和抗球虫药剂可用于牛球虫病的治疗，如磺胺二甲基嘧啶、磺胺六甲氧嘧啶、氨丙啉、氯苯胍等均有较好的疗效。对有严重临床症状的病例还要对症治疗，如补液、止血、强心、止泻、甚至输血。治疗尽量做到早确诊、早给药。磺胺二甲嘧啶钠片，每千克体重 0.1 克，一次口服，每天 1 次，连用 4 天。氨丙啉，20～25 毫克 / 千克体重，一次口服，每天 1 次，连用 4～5 天。白头翁 45 克，黄连 25 克，广木香 25 克，黄芩 30 克，秦皮 30 克，炒槐米 30 克，地榆炭 30 克，仙鹤草 30 克，炒积壳 30 克，水煎取汁，一次灌服，每天 1 剂，连用 3 天。

八、牛消化道线虫病

牛消化道线虫病是指寄生在牛消化道中的毛圆科、毛线科、钩口科和圆形科的多种线虫所引起的寄生虫病。虫体寄生在牛的真胃、小肠和大肠中，在一般情况下多呈混合感染。各类线虫病的共同症状主要为明显的持续性腹泻，排出带黏液和血液的粪便，进行性贫血和严重消瘦等。

【病　因】　牛消化道线虫的发育，从虫卵发育到第三期幼虫的过程基本上相类似，即虫卵从宿主体内随同粪便一起被排到体外，在适宜的条件下，经过一阶段的发育，孵化为第一期幼虫，然后经过两次蜕化变为第三期幼虫。第三期幼虫的特点是虫体活泼，虽不进食，但在外界可以长时间的保持生活力。由于体外有一层鞘膜，所以对于干燥有一定的抵抗力。在一般情况下，第三期幼虫可以生存 3 个月；而在凉爽的季节，若土壤内又有充分的水分时，幼虫可存活 1 年。第三期幼虫对微弱的光线有向光性，对强烈的阳光有畏惧性，在早晨傍晚或阴天时，它能爬上草叶，而在夜间又爬回地面；对温度敏感，在潮湿环境中比在寒冷时活泼。该虫虫卵排出量或成虫寄生量 1 年内出现 2 次高峰，春季高峰在 4～6 月份，秋季高峰在 8～9 月份。犊牛粪便中最早排出虫卵的时间为 7 月上中旬，全年也只形成 1 次高峰，高峰期在 8～10 月份。

由于虫体在消化道局部吸血，引起黏膜损伤和发炎，同时还分泌一些毒素，使牛体血液不易凝固，导致血液从虫体造成的黏膜伤口大量流失。有些虫体分泌的一些毒素被牛体吸收后，可使牛体血液再生功能破坏或出现溶血现象，造成贫血。

【临床症状】　急性型多见于犊牛，表现高度贫血，可视黏膜苍白，短期内引起大批犊牛死亡。亚急性型表现黏膜苍白，下颌间、下腹部及四肢水肿。下痢、便秘交替出现。病牛明显衰弱消瘦。慢性型表现病程长，发育不良，渐进性消瘦，下颌水肿，有的出现神经症状，最后虚脱而死亡。

【诊　断】　牛消化道线虫种类多，在临床上引起的症状大多无特征性，仅有程度上的不同，生前较难诊断。根据流行情况、临床症状（高度贫血，可视黏膜苍白，严重消瘦，下颌水肿，持续性腹泻等）可做出初步判断。确诊需进行实验室检查或病理剖检。生前诊断用粪便检查法，可直接用显微镜检查粪便中的虫卵，也可用漂浮法检查，找到大量的线虫虫卵即可做出初步诊断。家畜死后剖检，见到消化道内有大量的线虫可确诊。

【防　治】　预防本病应做好以下几个方面：

（1）改善饲养管理，饲喂全价饲料，以增强牛体的抗病能力。牛舍要通风干燥，加强粪便管理，防止污染饲料及水源，在远离牛舍的固定地点堆放发酵牛粪，以消灭虫卵和幼虫。

（2）避免在低洼潮湿的牧地上放牧。避开在清晨、傍晚和雨后放牧，防止第三期幼虫的感染。

（3）每年12月末至第二年1月上旬，进行1次预防性驱虫。但一般药物对于存在于黏膜中的发育受阻幼虫不易取得良好效果，国外相关试验研究证实，硫苯咪唑对发育受阻幼虫有良好效果。

用于治疗牛消化道线虫的药物很多，现介绍以下两种药物：丙硫咪唑，20毫克/千克体重，灌服；1%伊维菌素注射液，1毫升/50千克体重，皮下注射，肉牛在屠宰前21天内不能用药，奶牛在产奶期不宜用药。

第四章
呼吸系统疾病

一、咽 喉 炎

咽炎是指扁桃体、软腭、咽部淋巴结和咽部黏膜及肌层的炎症；喉炎是指一般性病菌感染喉部黏膜所引起的慢性炎症，二者常伴随发生，也就是所谓的咽喉炎。

【病　因】　原发性病因是化学性和机械性刺激，当机体抵抗力减弱时，链球菌、坏死杆菌、大肠杆菌等条件性致病菌乘机感染而致病；另外也可继发于口炎及口蹄疫、巴氏杆菌病、炭疽等传染病。

【临床症状】　头颈伸展，吞咽困难，流涎，呕吐或干呕，咀嚼食物后流出混有食糜、唾液和炎性产物的污秽鼻液。咀嚼后不咽下或含草不嚼，饮水有时水从鼻中流出。病重时完全绝食。沿第一颈椎两侧横突下缘向内或下颌间隙后侧舌根部向上做咽部触诊，病牛表现疼痛不安并发弱痛性咳嗽。蜂窝织性和纤维素性咽炎，伴有发热等明显或重剧的全身症状。慢性咽炎，病程缓长，咽部触痛等刺激症状轻微。

喉炎突出的表现是剧烈的咳嗽和喉部体征。病初表现短干痛咳，以后则变为湿而长的咳嗽。饮冷水、采食干料以及吸入冷空气时，咳嗽加剧，甚至发生痉挛性咳嗽。患牛喉部肿胀，头颈伸展，呈吸气性呼吸困难。触诊喉部，摇头伸颈，感觉过敏，并发连续的痛咳。有时流浆液性、黏液性或黏液脓性鼻液，下颌淋巴结急性肿胀。重症病例，精神沉郁，体温升高 1～1.5℃，脉搏增数，结膜发绀，吸气性呼吸困难，甚至引起窒息死亡。

【治　疗】　治疗原则是消除炎症，祛痰镇咳。常用药物方剂如下：

（1）0.1%高锰酸钾溶液500毫升，碘甘油（碘50克，碘化钾100克，甘油200毫升，加蒸馏水至1 000毫升，混匀后备用）50毫升，用前者冲洗口腔，后者咽部涂搽。

（2）青霉素钠400万单位，链霉素400万单位，注射用水30毫升，一次肌内注射，每天2次，连用5天。

（3）祛痰镇咳：当患牛干咳而鼻液黏稠时，可内服溶解性祛痰剂，常用人工盐20～30克，茴香末50～100克，制成舔剂，一次内服；痰多时用氯化铵100克，一次口服，每天1～2次。

（4）青黛散：青黛50克，黄柏50克，儿茶50克，冰片5克，胆矾25克，共研细末，纱布包好，做成布袋衔于口内并用绳子固定。

（5）如意黄金散：天花粉200克，大黄100克，姜黄100克，白芷100克，厚朴40克，陈皮40克，苍术40克，甘草40克，天南星40克，共为末，适量醋调，咽喉部外敷，咽部肿胀除外。

（6）五味消毒饮：金银花40克，野菊花40克，紫花地丁40克，蒲公英40克，连翘40克，水煎，一次灌服。

二、急性支气管炎

急性支气管炎是由于生物性或非生物性致病因素引起的支气管黏膜的急性炎症，为一个独立病症，在临床上可分为急性大支气管炎、急性细支气管炎和腐败性支气管炎。

【病　因】　寒冷空气的刺激可使支气管黏膜下的血管收缩，黏膜缺血而防御功能降低，呼吸道常在菌（肺炎球菌、葡萄球菌、化脓杆菌等）或外源性非特异性病原菌侵入而致病；继发于某些传染病和寄生虫病，如结核病、口蹄疫、牛恶性卡他热、肺丝虫病等；在治疗投药时误将胃导管插入气管或某些有毒有害气体（氯气、氨气等）刺激气管，均可引起吸入性支气管炎。

【临床症状】 急性支气管炎的主要症状是咳嗽。病初呈干、短、痛咳，以后变为湿、长咳。从两侧鼻孔流出浆液性、黏液性或黏液脓性鼻液。胸部听诊可听到干性或湿性啰音。全身症状较轻，体温正常或升高 0.5～1.0℃。

【治 疗】 治疗宜抗菌消炎，祛痰镇咳，抗过敏。

（1）氯化铵 20 克，复方樟脑酊 40 毫升，一次口服；同时，10% 异丙嗪注射液 4 毫升，一次肌内注射；12% 复方磺胺 -5- 甲氧嘧啶注射液 100 毫升，一次肌内注射，每日 2 次，连用 5 天，首次剂量加倍。

（2）酒石酸锑钾 3 克，溶于 100 毫升水，一次口服；同时口服复方甘草合剂 120 毫升和一溴樟脑 4 克。

（3）青霉素钠 80 万单位，0.25% 普鲁卡因注射液 20～40 毫升，一次气管内注射。

（4）桑菊银翘散：桑叶 25 克，杏仁 25 克，桔梗 25 克，薄荷 25 克，菊花 30 克，金银花 30 克，连翘 30 克，生姜 20 克，甘草 15 克，共为细末，开水冲调，一次灌服。

三、支气管肺炎

支气管肺炎，又称为小叶性肺炎，是指由病原微生物引起的以支气管为中心的肺小叶的感染。临床特征是体温升高、咳嗽、呼吸困难和肺部听诊有异常呼吸音。

【病 因】 同急性支气管炎。

【临床症状】 病初先有弥漫性支气管炎或细支气管炎的症状，如精神沉郁，食欲减退或废绝，体温升高，呼吸浅而快，咳嗽常为痛性短咳，以后随着渗出物变稀变多，则转为湿咳、长咳，而疼痛也减轻。两鼻孔流出浆液性鼻液，后为黏液性或黏脓性鼻液。随着病势发展而侵害肺脏时病牛食欲废绝，反刍停止，瘤胃蠕动缓慢，粪干而量少，有的出现腹泻，泌乳量明显降低。体温升高至 40～41℃，呈弛张热（间歇热），呼吸浅表，呼吸数为 40～90 次 / 分，站立时头颈伸直，鼻翼扇动，甚至张嘴呼吸，咳嗽频繁、低弱而呈湿性。心跳加快（90～100 次 / 分），脉性细而弱。可视黏膜发绀。症状进一步加重后，患病肺叶的一部分变硬，以致空气不能进出，肺泡音消失。病牛呈严重呼吸困难状态，如果运动则呈腹式呼吸，眼结膜发绀。胸部听诊肺音初粗粝，逐渐听到啰音，后期部分肺泡音消失。胸部叩诊出现小面积的浊音区，其周围则为清音。

【诊　断】　根据临床症状即可诊断。

1. 肺部听诊　病区肺泡音减弱或消失，病灶周围处肺泡音粗粝，发出支气管呼吸音或捻发音。肺部叩诊，病区呈半浊音（实音），其周围处呈鼓音。

2. X 射线检查　肺边缘模糊不清，在肺的前下部可见数目不定的散在性病灶。

3. 实验室检验　血液中白细胞总数和嗜中性白细胞增多。病毒性肺炎时，白细胞总数和淋巴细胞均减少。尿液 pH 值在 7 以下（呈酸性），尿蛋白定性呈阳性反应。

【治　疗】　对病牛应加强看护，单独饲养，同时应用抗菌消炎药物治疗。常用的有青霉素、链霉素，单独或联合应用，如病原对其有耐药性；可用新霉素 5～15 毫克 / 千克体重，肌内注射，2 次 / 天，连用 7 天为一疗程；卡那霉素 6～12 毫克 / 千克体重，肌内注射，2 次 / 天；土霉素 5～10 毫克 / 千克体重，口服，2 次 / 天；磺胺二甲嘧啶 200 毫克 / 千克体重，经口投服，1 次 / 天，连续 3～5 天为一疗程。此外，可根据病情采取对症治疗，如强心、利尿、补液和促进渗出物的吸收等。临床上常用撒乌安合剂，具体配方如下：5% 葡萄糖生理盐水 500～1 000 毫升、5% 葡萄糖注射液 500 毫升、10% 水杨酸钠注射液 100 毫升、40% 乌洛托品注射液 20～30 毫升和 20% 苯甲酸钠咖啡因注射液 10 毫升，混合后静脉注射，酌情可连用数日，疗效较理想。氯化铵 20 克，复方甘草合剂 150 毫升，一次分别口服；复方磺胺嘧啶注射液 80 毫升，一次肌内注射，每日 2 次，连用 5 天，首次剂量加倍。对于呼吸困难者，可用 95% 酒精 300～500 毫升，5% 氯化钙注射液 120 毫升，40% 乌洛托品注射液 40～60 毫升，10% 安钠咖注射液 30 毫升，25% 葡萄糖注射液 500～1 000 毫升，一次静脉注射。

中药治疗：

方 1：麻黄 15 克，杏仁 8 克，生石膏 90 克，双花 30 克，连翘 30 克，黄芩 25 克，知母 25 克，元参 25 克，生地 25 克，麦冬 25 克，天花粉 25 克，桔梗 20 克，共为细末，开水冲调，蜂蜜为引，一次灌服。

方 2：银翘散加减：金银花 40 克，连翘 45 克，牛蒡子 60 克，杏仁 30 克，前胡 45 克，桔梗 60 克，薄荷 40 克，共为细末，开水冲调，一次灌服。

四、纤维素性肺炎

纤维素性肺炎，又称格鲁布性肺炎或大叶性肺炎，是以支气管、肺泡内充满大量纤维蛋白渗出物为特征的急性肺炎。临床上以高热稽留、铁锈色鼻液、大片肺浊音区和定型经过为特征。

【病　因】　目前尚未完全弄清楚。一般认为牛的巴氏杆菌可引起纤维素性肺炎；受寒感冒、吸入刺激性气体、胸部外伤、饲养管理不当等均可引起纤维素性肺炎；另外，流行性支气管炎及犊牛副伤寒等均可继发纤维素性肺炎。

【临床症状】　病牛发病突然，体温升高到 40～41℃，呈高热稽留，精神沉郁，食欲减退或废绝，但是脉搏加快不明显。高热而脉搏不太快是本病早期的特征。呼吸急促，呈混合性呼吸困难。黏膜发绀、黄染，皮温不整，肌肉震颤。频频发出短痛咳，溶解期变为湿咳。肺脏发生肝变初期，会流铁锈色或黄红色鼻液。肺部听诊，充血渗出期相继出现肺泡呼吸音增强、肺泡音减弱、干啰音、捻发音和湿啰音；肝变期，肺泡音消失，出现支气管呼吸音；溶解期，支气管呼吸音消失，再次出现啰音、捻发音。

【诊　断】　根据临床症状，结合胸部叩诊、肺部叩诊可做出诊断。血液检查红细胞增多，中性粒细胞增多，核左移，淋巴细胞减少，嗜酸性粒细胞和单核细胞减少，严重病例白细胞减少。

【治　疗】　治疗原则是抑菌消炎，制止渗出和促进炎性产物吸收，重症辅以强心补液。

1. 抑菌消炎　新胂凡钠明（914）有较好的疗效。病初用4.0～4.5克溶于葡萄糖盐水或生理盐水500毫升，一次缓慢静脉注射。

2. 制止渗出和促进炎性产物吸收　静脉注射10%氯化钙或10%葡萄糖酸钙溶液，同时配合应用利尿剂。

3. 对症治疗　对于心力衰竭的病例要应用强心药（安钠咖注射液），当呼吸困难时可肌内注射氨茶碱，或者进行吸氧缓解呼吸困难。

4. 清瘟败毒散　石膏120克，水牛角30克，桔梗25克，淡竹叶60克，甘草10克，生地30克，山栀子30克，丹皮30克，黄芩30克，赤芍30克，元参30克，连翘30克。水煎取汁，水牛角锉末冲入，候温一次灌服。

第五章

消化系统疾病

一、食道阻塞

食道阻塞是指吃入的饲料或异物突然梗塞于食道管腔内。牛咽部和颈部食道阻塞发生较多，其特征是咽下障碍、流涎、食物反流并伴发瘤胃臌气。可分为完全性阻塞和不完全阻塞。

【病　因】　主要由于牛不细致咀嚼匆忙吞食过大的块根块茎类饲料，如萝卜、土豆、大头菜、甜菜、玉米棒、未打碎或未浸软的豆饼或胎衣等所引起。此外，牛患食道狭窄、食道憩室或食道麻痹时，容易继发本病。

【临床症状】　发病前无任何异常，在采食过程中采食突然停止，头颈伸直，开始咳嗽，由于异物阻塞食道不能吞咽唾液，痛苦地从口中流出大量唾液。与此同时由于瘤胃内发酵产生的气体不能通过嗳气排出，而发生急性瘤胃臌气。病牛试图通过反复不断地咀嚼除掉食道内的异物。但是咀嚼动作无法完成，与此同时却分泌出大量的唾液，这些唾液进入气管就会引起患牛不断的咳嗽。这时饮水或饲料就会从鼻腔逆流出来。颈部食道梗塞时，用手可摸到梗塞物。

【诊　断】　根据临床症状结合触诊和胃管探测一般即可确诊。

【治　疗】　治疗原则是润滑食道管腔，缓解痉挛，清除阻塞物。

（1）对于继发性急性瘤胃膨胀病牛，首先进行瘤胃穿刺放出气体。然后确定异物在食道的位置，用手向口腔或者胸腔方向边按摩边使异物从食道中排出，这样仍取不出堵在食道的异物时，可用硬质、口径约 3 厘米的胶管插入食道，将阻塞物捅入胃内。在插管前可先灌注液体石蜡 100～200 毫升，这样可起到润滑食道的作用；也可将 2% 盐酸丁卡因 30 毫升，液体石蜡 200 毫升，用胃管投入阻塞部位，10～15 分钟后用胶管推送阻塞物。

（2）利用打气筒向食道内打气，从而将异物送到胃中。具体操作方法：将胃导管插入食道后，将露于外部的一端接在打气筒上，然后打气。实践证明这种方法既简便又适用。

（3）使用水合氯醛等镇痛解痉药灌入食道，并以 1%～2% 普鲁卡因溶液混以适量液体石蜡或植物油灌入食管。

（4）采用上述方法仍达不到目的时，要立刻行食道切开术取出异物。在切开食道时要注意不能伤害血管和神经，小心地取出异物后要先插入导管，然后再进行食道缝合。在手术中要特别注意消毒灭菌工作，避免细菌感染。除去食道异物后，因形成食道憩室还可能复发，对这样的牛要给予柔软的牧草，注意不要铡短。

二、前胃弛缓

前胃弛缓是由于前胃神经调节功能紊乱，前胃壁兴奋性降低和收缩力减弱所致的一种消化功能障碍性疾病。

【病　因】

1. 原发性前胃弛缓　①长期饲喂未经合理加工调制的稻草、豆秸、麦秸之类的饲草；②突然变更饲养制度和改变饲料，饲喂时间、次数经常改变无一定规律或突然调换成新收割的小麦、大麦等品质优良的饲料，牛过度采食造成胃负担过重；③饲喂不当，饲料发霉、变质或冰冻及块根饲料中混入泥沙太多；④饲料种类单一，缺乏矿物质和维生素，天气寒冷，运动不足，缺乏足够的阳光照射，神经反应性降低，消化功能减退。

2. 继发性前胃弛缓 在临床上多见，如产后瘫痪、酮病、创伤性网胃炎、腹膜炎、产后败血症、乳房炎等。患某些传染病，如布鲁氏菌病、巴氏杆菌病、口蹄疫、传染性胸膜炎等，都有前胃弛缓的症状。

【临床症状】 原发性前胃弛缓的最初症状是食欲减退，异食，吃精料不吃粗料，或吃粗料而拒食精料。初期病情加重时，精神沉郁、反刍停止、食欲废绝，鼻镜干燥，嗳气有臭味，产奶量下降，目光呆滞，步态缓慢。瘤胃蠕动无力或没有蠕动，瘤胃呈周期性或慢性臌气，便秘与腹泻交替发生，高度营养不良，病重者陷于脱水与自体中毒状态。

急性型多呈现急性消化不良，食欲减退或废绝，表现为只吃青贮饲料、干草而不吃精料或吃精料而不吃草。严重者，上槽后呆立于槽前。反刍缓慢或停止，瘤胃蠕动次数减少，声音减弱。瘤胃内容物柔软或黏硬，有时出现轻度瘤胃臌气。网胃和瓣胃蠕动音减弱或消失。粪便干硬或为褐色糊状；全身一般无异常，若伴发瘤胃酸中毒时，则脉搏、呼吸加快，精神沉郁，卧地不起，鼻镜干燥，流涎，排稀便，瘤胃液 pH 值小于 6.5。鼻镜有汗，空嚼，口腔内有黏性泡沫。排粪减少，粪便干燥。瘤胃液的 pH 值在 8 以上。慢性病例多为继发性因素引起，病情时好时坏，异嗜，毛焦肷吊，消瘦。便秘、腹泻交替发生，继发肠炎时体温升高。病重者陷于脱水与自体中毒状态，最后衰竭而死亡。

【诊 断】 根据临床症状，可做出诊断。

【治 疗】 治疗前病牛先停食 1 天，再给予少量优质多汁饲料，多饮清水。

1. 西药治疗 硫酸镁 500 克，松节油 30～50 毫升，酒精 80～100 毫升，加温水 4～5 升，一次口服。10% 氯化钙注射液 100～200 毫升，配合 25% 葡萄糖注射液静脉注射。新斯的明注射液 20～60 毫克，皮下注射。

2. 中药治疗

（1）藿香 36 克，苍术 30 克，陈皮 25 克，厚朴 40 克，白术 65 克，茯苓 75 克，半夏 25 克，甘草 18 克，生姜、大枣为引。煎汤去渣，候温灌服，每日一剂，5 天为一个疗程。功能除湿健脾。主治牛前胃弛缓。加减法：脾胃虚弱者，去苍术、厚朴，加党参、黄芪、丹参、炒山药、生姜，大枣为引。

（2）党参 50 克，白术 20 克，茯苓 24 克，甘草 30 克，陈皮 24 克，半夏 20 克，木香 24 克，藿香 30 克，莲子 30 克，厚朴 24 克，草豆蔻 24 克，麦芽 30 克，神曲 30 克，丁香 24 克。共为末，开水冲调，候温灌服。

（3）苍术半夏散：苍术 45 克，半夏 25 克，南星 25 克，雄黄 15 克，朱砂 20 克，滑石 30 克，茯苓 30 克，桂皮 15 克，香附 25 克。共为细末，开水冲调，候温灌服。加减：湿重者，重用苍术、茯苓，加焦三仙、炒二丑；寒重者，去滑石、朱砂，加砂仁、附子、草豆蔻；热盛兼粪干燥者，去桂皮、香附，加胆草、黄连、黄芩、苦参、大黄、芒硝；脾虚者，去雄黄、滑石，加党参、炙黄芪、山药、当归、白芍；兼有外感者，去桂皮、香附，加荆芥、柴胡、防风；有热者，加银花、连翘、青黛；有寒者，加白芷、细辛。

3. 其他方法 从健康牛的口中取出反刍食团投喂病牛，可以改善瘤胃内生物环境。

三、瘤胃积食

瘤胃积食是瘤胃中蓄积食物过多，造成胃容积扩大和胃壁伸张的疾病，也叫瘤胃食滞症。中兽医称之为宿草不转。

【病　因】 饲喂过量的优质饲料（精饲料及糟粕类），适口性好的青草、胡萝卜、马铃薯等；突然变更饲料，常见于品质差、适口性不好的饲料突然变为品质好、适口性强的饲料时，造成牛过量采食；或采食大量的精饲料（豆饼、玉米），而饮水又不足；牛在分娩后吞食胎衣；误食塑料薄膜或长绳、聚丙烯包装用带等，均能造成积食。另外，前胃弛缓、瓣胃阻塞、创伤性网胃炎等可继发本病。

【临床症状】 病牛表现食欲不振、反刍减少或停止，鼻镜干燥，有时出现腹痛不安，呻吟，摇尾弓背，回顾腹部，粪便干黑难下；触诊瘤胃坚实、胀满，病牛疼痛不安，重压呈面团状，可成坑，需较长时间才能恢复原状；听诊瘤胃蠕动音较弱或消失；叩诊瘤胃呈浊音。直肠检查可发现瘤胃体积增大后移。后期瘤胃上部集有少量气体，呼吸困难，站立不稳，步态蹒跚，眼窝下陷，结膜潮红，口腔滑润，卧地不起，体温一般不高，脉搏细数，尿量少或无尿，流涎，空嚼，后肢踢腹。最后因酸中毒和脱水而陷入昏迷。

【病理变化】 瘤胃内有面团状的内容物、干涸硬结，草团状内容物表面附有黏膜上皮；瘤胃黏膜表层有弥漫性脱落，黏膜层有弥散性潮红、充血和出血现象。肺淤血、水肿。肠管有卡他性炎症。

【诊 断】 根据过食的病史，以及瘤胃内容物充满而坚实、腹围膨大、呼吸困难、黏膜发绀及肚腹疼痛等症状，可确诊。

【治 疗】 轻症的可按摩瘤胃，每次10～20分钟，1～2小时按摩1次，按摩结合灌服大量温水，则效果更好。

1. 西药疗法

（1）口服酵母片，250～500克，2次/天。

（2）口服泻剂，硫酸镁或硫酸钠500～800克，鱼石脂20克，常水1000～2000毫升；或液状石蜡1000毫升，一次口服；或硫酸镁500克，苏打粉100克，加水灌服。

（3）瘤胃内容物泻下后，可应用兴奋瘤胃蠕动的药物。新斯的明10～20毫克，皮下注射，每隔2～3小时注射1次；或毒扁豆碱30～50毫克，一次皮下注射；或盐酸毛果芸香碱40～

60毫克，皮下注射。如食欲仍不好转，可酌情用健胃剂，如番木鳖酊15～20毫升，龙胆酊50～80毫升，加水500毫升，一次口服。

（4）病牛饮食欲废绝、脱水明显时，应静脉补液，同时补碱。25%葡萄糖液500～1000毫升，复方氯化钠或5%糖盐水3000～4000毫升，5%碳酸氢钠溶液500毫升，一次静脉注射。

（5）重症而顽固的瘤胃积食，应用药物不见效果时，可用洗胃法，当机体全身症状缓解后，可用10%氯化钠溶液300毫升，10%安钠咖液20毫升，一次静脉注射。

（6）苏打粉250克，加温水灌服，20分钟后，再用芒硝500克，加水5升，一次灌服。

2. 中药疗法

（1）三仙散加减：山楂60克，麦芽30克，六曲360克，莱菔子30克，木香30克，槟榔30克，枳壳30克，陈皮30克，大黄60克，朴硝（后下）60克，煎汤去渣，加生萝卜汁500毫升，麻油250毫升，混合灌服。粪便干燥而不通者，加重大黄、朴硝用量，以泻下粪便；若患牛恶寒有表证者，加生姜、大葱以解表阳；若腹胀甚者，加青皮、厚朴以破滞消痞；若正气衰，加党参、当归以扶正祛邪。

（2）穿肠散：大戟30克，甘遂30克，黄芪30克，牵牛子45克，大黄45克，滑石（后冲）50克，黄芩20克。共煎汁，加朴硝100克，猪油50克，一次调服。

（3）老南瓜2～5千克，切碎煮烂灌服。

（4）增液大承气汤：大黄60克，芒硝150克，厚朴60克，枳实30克，玄参45克，麦冬30克，生地30克，山楂30克，神曲30克，麦芽30克，莱菔子45克，共为末。功能滋阴泻下，消积导滞。主治瘤胃积食。

（5）槟榔散：槟榔50～200克，枳实50～100克，香附50克，厚朴50克，青皮50克，陈皮50克，神曲50克，肉豆蔻50

克，草果 50 克，大黄 50 克，为末，开水冲调，候温灌服。功能行气消食。主治牛宿草不转、肚胀。加减法：前胃弛缓，病初可服原方；中期去大黄；体质消瘦、病程 2 周以上者，加当归、党参、黄芪。瘤胃积食，原方加牵牛子 50 克，芒硝 200～300 克，大黄用量加倍。瘤胃臌气，加莱菔子 50～100 克，木香 25～50 克，二丑 50 克，人工盐 300 克，并先导胃。

四、瘤胃臌气

瘤胃臌气，中兽医称为气胀、肚胀，是牛采食了易发酵的饲料，在瘤胃和网胃内菌群的作用下，饲料异常发酵产气，引起瘤胃和网胃的急剧膨胀，膈与胸腔脏器受到压迫，呼吸与血液循环障碍，并发生窒息现象的一种疾病。临床上以呼吸极度困难，反刍、嗳气障碍，腹围急剧增大等为主要特征。该病主要发生于夏季草原上放牧的牛，也有成群发生瘤胃臌气的情况。

【病　因】　按病因可分为原发性与继发性 2 种类型，按性质可分为泡沫性臌气和非泡沫性臌气。

1. 原发性　牛采食了过多的青草在瘤胃里不断地产生气体而导致腹围增大。在成年牛瘤胃内，从每日摄取的饲料通过发酵，大约产生 600 升气体，其主要成分是甲烷和碳酸气体。在正常情况下，牛将瘤胃内不断产生的气体变为嗳气排出体外进行调节。当牛饱食后瘤胃过度扩张压迫，从而使瘤胃壁的血液循环和神经系统的正常功能受阻，使特有的嗳气反射和反刍运动受到抑制。另外，平时饲喂给干草的牛，如果在短时间内采食了大量的含氮豆科鲜草后，会导致瘤胃内的细菌异常繁殖，在瘤胃内产生过剩的气体。过多摄取豆科牧草，如苜蓿草而产生的气体呈泡沫性，通过嗳气难以排出，也是瘤胃臌气的一个原因。

2. 继发性　主要见于前胃弛缓、创伤性网胃腹膜炎、网胃或食道沟因异物导致的炎症，因调节胃蠕动的迷走神经发生障碍所致的消化不良，食道阻塞及食道狭窄等情况，使嗳气反射不能正常进行时，往往反复引起轻度或中等程度的气体蓄积。多发于6个月龄前后的犊牛和圈养的育成牛。

【临床症状】 泡沫性臌气发病快且急，可在采食易发酵饲料过程中或采食后迅速发生臌气。病畜表现不安，回头顾腹，吼叫等；典型症状是腹围明显增大，左肷部隆起，严重时可突出脊背，按压时有弹性，胃壁扩张，叩诊呈鼓音，下部触诊，内容物不硬，腹痛明显，后肢踢腹，频频起卧；饮食欲废绝，反刍、嗳气停止，在病初期瘤胃蠕动增强，但很快减弱甚至消失，瘤胃内容物呈粥状，有时从口中喷射出；呼吸高度困难，严重时张口呼吸，舌伸出，流涎和头颈伸展，眼球震颤，凸出，呼吸加快，达68～80次/分，结膜先充血后发绀，心动亢进，脉搏细弱，增数达100～120次/分，颈静脉及浅表静脉怒张，但体温一般正常。后期精神沉郁，兼有出汗（耳根、肷部、肘后明显），不断排尿；病至末期，运动失调，行走摇摆，站立不稳，倒卧不起，不断呻吟，全身痉挛而死亡。

非泡沫性臌气大多数发病缓慢，病程可达几周甚至数月。病牛食欲减少，左腹部臌气，触诊腹部紧张但较原发性低，通常臌气呈周期性，经一定时间反复发作，有时呈现不规则的间歇，发作时呼吸困难，间歇时呼吸又会转为平静，瘤胃蠕动一般均减弱，反刍、嗳气减少，轻症时可能正常，重症时则完全停止，发生便秘或下痢，逐渐消瘦、衰弱。但继发于食道阻塞或食道痉挛的病例，则发病快而急。

【诊　断】 原发性瘤胃臌气不难诊断，可根据病史及临床症状，如采食过多多汁青草、易发酵的饲料，发生于夏秋之间及春季抢青时，腹围增大，叩诊呈鼓音，呼吸困难，结膜发绀等。继发性瘤胃臌气的特征为周期性的或间隔时间不规则的反复臌气，故诊断也并不难，但病因不容易确定，必须进行详细的临床检查分析才可做出诊断。

插入胃管是区别泡沫性臌气与非泡沫性臌气的有效方法，此外瘤胃穿刺亦可作为鉴别的方法。泡沫性臌气，在瘤胃穿刺时，只能断断续续从导管针内排出少量气体，针孔常被堵塞，排气困难；而非泡沫性臌气，则排气顺畅，臌气明显减轻。

　　【治　疗】瘤胃臌气发病迅速、急剧，必须及时抢救，防止窒息。治疗原则是：及时排出气体，制止瘤胃内容物继续发酵，理气消胀，健胃消导，强心补液，适时急救。

　　（1）对病情较轻的病例，可将病牛头颈抬起，适度按摩腹部，促进瘤胃内气体的排出。同时用松节油20～30毫升，鱼石脂10～15克，95%酒精30～50毫升，加适量的水内服，具有消胀作用。

　　（2）用小木棒（最好是椿木）涂擦松馏油或食盐，横衔于口中，两端用绳子固定于角根后部，将病牛牵拉至斜坡上，前高后低，使之不断咀嚼，促进嗳气及唾液的分泌。也可牵拉牛的舌头，按摩左腹。

　　（3）对臌气严重、有窒息危险的应采取急救措施。

　　①可用胃管放气，或用套管针穿刺放气，穿刺部位选择在左侧腹壁的上部，将针向右肘方向刺入，刺入后抽出针芯。为了防止再度发酵，从套管针内注入5%～10%生石灰水或8%氧化镁溶液，或者稀盐酸10～30毫升，加适量水。在放气后，将0.25%普鲁卡因溶液50～100毫升，200万～500万单位青霉素用生理盐水或无菌注射用水200毫升稀释，一并注入瘤胃，效果较好。如有条件，可在放气后接种健康牛瘤胃液3～6升，效果更佳。值得注意的是，无论采用哪种放气方式，都不宜过快，以防止血液重新分配后引起大脑缺血而发生昏迷。

　　②鱼石脂15～25克，95%酒精100毫升，常水1 000毫升，瘤胃穿刺放气后注入，或胃管灌服，用于非泡沫性臌气。

　　③对于泡沫性臌气，放气效果不明显，可用长的针头向瘤胃内注入止酵剂或抗生素，如松节油、青霉素等。在临床常用下列

配方：豆油、花生油、菜籽油，用量一般 250～500 毫升，二甲基硅油（即消胀片）30～60 片（每片含 15 毫克），松节油 30～60 毫升，鱼石脂 10～20 克，酒精 30～40 毫升，配成合剂应用，对泡沫性和非泡沫性臌气都有较好的效果。另外常用药物还有消气灵，对泡沫性和非泡沫性臌气都有较好的效果。

（4）为了排出胃内易发酵的内容物，可用盐类或油类泻剂，如硫酸镁、硫酸钠 400～500 克，加水 8 000～10 000 毫升内服，或用液体石蜡 1 000～1 500 毫升内服，也可用其他盐类或油类泻剂。用于积食较多的泡沫性与非泡沫性臌气。

（5）为了增强心脏功能，改善血液循环，可用咖啡因或樟脑油。根据临床经验，无论是哪种臌气，首先灌服液体石蜡 800～1 000 毫升，均可收到良好的消气效果。在临床实践中，应注意调整瘤胃内容物的 pH 值，可用 2%～3% 碳酸氢钠溶液洗胃或灌服。当药物治疗效果不显著时，应立即施行瘤胃切开术，取出内容物。

因慢性瘤胃臌气多为继发性瘤胃臌气，因此，除应用急性瘤胃臌气的疗法缓解臌气症状外，还必须治疗原发病。

（6）中兽医治疗以行气消胀，通便止痛为主。

①消胀散：炒莱菔子 15 克，枳实 35 克，木香 35 克，青皮 35 克，小茴香 35 克，槟榔 17 克，二丑 27 克，共研为末，加清油（蓖麻油）300～500 毫升，大蒜 60 克（捣碎），水冲服。

②木香顺气散：木香 30 克，厚朴 30 克，陈皮 30 克，枳壳 20 克，藿香 20 克，乌药 15 克，小茴香 15 克，青果（去皮）15 克，丁香 15 克，共研为末，加清油（蓖麻油）300～500 毫升，水冲服。

③苏子 120 克，萝卜子 120 克，滑石 90 克，芒硝 250 克，先将前 2 味研细，再与后 2 味混合，开水冲调，候温灌服。

④紫皮蒜 60 克（捣碎），豆油 400 克，混合灌服。功能行气消胀。

五、瘤胃酸中毒

瘤胃酸中毒是由于牛采食或饲喂大量碳水化合物饲料，致使乳酸在瘤胃中蓄积而引起的全身代谢紊乱疾病。临床以消化紊乱、瘫痪和休克为特征。

【病　因】　患牛一般有过食大量含碳水化合物，如小麦、玉米、黑麦等精饲料，或者大量过食甜菜、白薯、马铃薯等块根类饲料的病史，少数是偷食所致，也有的是畜主为了促高产或填料不均，偏饲高产牛所致；或者青饲料饲喂量过大等引起。此外，临产牛、高产牛抵抗力低，遇到寒冷、气候骤变、分娩等应激因素都可促进本病的发生。大量精饲料进入瘤胃，使瘤胃内环境遭到破坏，内容物 pH 值下降，瘤胃微生物系统参与分解氨基酸而形成生物胺，导致乳酸总量大增而被自体吸收发生酸中毒，瘤胃内容物 pH 值越低，其生物胺分解越强，毒性增强。同时饲料中的淀粉及糖促进了瘤胃中革兰氏阴性菌的繁殖，从而使瘤胃中乳酸量增多，杀死了瘤胃内原虫及分解纤维、利用乳酸盐的生物，乳酸盐积于胃中，渗透压急剧上升，体液入胃内而导致机体脱水，引起自体酸中毒，严重时导致死亡。

【临床症状】　本病最急性型发病急，病程短，常无明显前驱症状，多于采食后3～5小时内死亡。急性型表现卧地不起，头、颈、躯干平卧于地，四肢僵硬，角弓反张，呻吟，磨牙，兴奋，甩头，随后精神极度沉郁，全身不动，眼睑闭合，呈昏迷状态。慢性病牛食欲废绝，反刍停止，饮欲强烈，体温升高、呼吸加快，听诊心音快而弱，鼻镜干燥。触诊瘤胃坚实，使劲按压呈面团状，瘤胃蠕动音减弱。排尿减少，精神沉郁，反应迟钝，行走无力，喜卧地，眼窝塌陷，结膜灰暗，皮肤弹性降低。呻吟，磨牙，空嚼，口吐白沫。时久则开始腹泻，粪便中夹有大量的未消化的食物颗粒。尿液 pH 值显著低于正常值。泌乳停止。

【诊　断】　根据有偷食或偏食大量精料的发病史，结合临床症状，容易做出诊断。

【治　疗】　本病的治疗以中和瘤胃内容物酸度、补液、强心、纠正酸中毒等对症治疗为原则。

对于急性发作病例，有条件的话，可以插入胃管洗胃和灌服生石灰水，同时积极进行对症治疗。较轻的病例，也可经胃管灌服碳酸氢钠等。为了及时清除胃肠内容物，应投服油类泻剂（应用液体石蜡而不能用植物油，以免增加内容物的腐败），并投服大黄末等苦味健胃剂和助消化药，以恢复胃肠功能。

（1）静脉注射葡萄糖生理盐水3 000毫升、12.5%维生素C 100毫升、20%安钠咖10毫升、10%磺胺嘧啶钠200毫升、5%碳酸氢钠500毫升。

（2）肌内注射维生素B_1 20毫升，皮下注射比赛可林注射液25毫克。

（3）将碳酸氢钠粉300克、硫酸镁200克，分别溶于水中，共约5 000毫升，加液体石蜡1 500毫升，用胃管投服。大黄苏打片50片、酵母片50片、磺胺脒25片，分别研成粉，溶于水中，用胃管投服。

六、瘤胃碱中毒

瘤胃碱中毒是由于过多地给牛饲喂高蛋白质饲料，如黄豆、豆饼、花生饼或其他非蛋白含氮物，造成碳水化合物饲料相对不足、粗纤维饲料缺乏，导致瘤胃内产生大量的氨，引起以瘤胃内微生物菌落失调与消化功能障碍为特征的一种疾病。

【病　因】　突然过量饲喂豆饼、鱼粉及苜蓿草等富含蛋白质的饲料，干草及青贮饲料给量不足；尿素等非蛋白氮添加剂喂量过大或饲喂不当；误食硝酸铵、硫酸铵以及氨水，均可造成瘤胃碱中毒。

【临床症状】　一般过食豆类饲料 2～3 天后才出现症状，严重病例表现食欲废绝，反刍停止，瘤胃蠕动停止，心跳微弱，呼吸困难，瞳孔反射消失，有的有神经症状，常在 2～4 天内死亡。症状较轻的表现食欲下降，流涎，腹胀，瘤胃蠕动微弱，排粪减少，粪便较干，并混有少量未消化的豆渣，反复出现中等程度膨胀，有时腹泻，可拖延 7～10 天康复。尿素所致的瘤胃碱中毒，通常在采食过量尿素之后的 20～60 分钟之内发病。病牛反刍和瘤胃运动停止，瘤胃臌气，呻吟不安，表现腹痛，很快出现各种神经症状，耳、鼻、唇等部位的肌肉挛缩，眼球震颤，四肢肌肉震颤，步态踉跄，起立困难，直至全身痉挛呈角弓反张姿势；之后则转为精神沉郁、昏睡、失明。

【诊　断】　根据临床症状及饲喂史可做出初步诊断。

【治　疗】　治疗原则是停止游离氨的生成和吸收，纠正脱水和高血钾，调整瘤胃的 pH 值和血液的 pH 值。对非蛋白化合物添加剂引起的瘤胃碱中毒，应尽快向瘤胃内灌入冷水 4～5 升和 5% 醋酸 4～5 升；对高蛋白饲料所引起的瘤胃碱中毒，要用冷水经胃管反复冲洗瘤胃，然后向瘤胃内灌入健康牛瘤胃液 1～2 升，并要连续肌内注射维生素 B_1。大剂量注射 5% 葡萄糖生理盐水，缓解碱血症、高钾血症，纠正脱水。对心力衰竭和肺水肿患牛及时采取强心、利尿对症治疗。

七、创伤性网胃心包炎

创伤性网胃心包炎是指来自网胃的尖锐异物刺伤心包而引起心包的化脓性、增生性炎症，常伴有毒血征和充血性心力衰竭以及网胃炎、膈膜炎、胸膜炎和腹膜炎的发生。临床特征是食欲废绝，心搏过速，发热，颈静脉充血，胸、腹下水肿，以及腹水、胸水和心音异常。

【病　因】　牛在采食草料的同时，误食铁丝、铁钉或缝针等尖锐的金属异物，这些金属异物穿透牛的网胃壁及其相邻的横膈膜，进而刺入包裹心脏的心包膜。附着在金属异物上的细菌侵入伤口，引起心包膜及心外膜的化脓性炎症，进而导致淤血性心力衰竭，在体表各处和内脏各器官出现水肿。

【临床症状】　病牛突然表现食欲减退，产奶量显著减少，心动过速，心博亢进，心音高朗，呼吸浅表增数，主要呈腹式呼吸，心包炎发展到心力衰竭时出现呼吸迫促和困难。心区触痛，听诊有心包摩擦音或心包胸膜摩擦音，两侧心音强度减弱，心包音低沉，常与呼啸音、摩擦音、积水音同时存在，但这些心音并不一定在所有病牛中都出现；颈静脉怒张，粗硬成条索状，颈静脉波动明显。患牛不愿意活动和行走，走动时表现疼痛，喜欢走上坡路，不喜欢走下坡路，在安静站立时肘关节外展，在胸壁腹侧或剑状软骨区叩诊或进行抬杠压迫表现疼痛反应。胸垂和下颌出现水肿，病情进一步发展，则水肿更加严重。

发展为心包炎的患牛一般预后不良。

【诊　断】　根据创伤性心包炎的临床特征表现，可以做出初步诊断。确诊须通过心包穿刺、B超或胸透等方法。

【防　治】　在预防上，主要是防止牛误食尖锐的金属异物。所以，首先应在加工饲料或饲草的粉碎机上安装磁筛或磁板，将混在饲料中的金属异物在加工过程中吸出；其次，是向牛的瘤胃中投放磁棒，预防网胃炎的发生。

对于牛创伤性心包炎，目前无有效治疗方法。应用全身性抗生素和心包腔引流一般难以治愈病牛。因此，大多数都采用手术疗法。为了增加病牛生存的机会，手术越早进行越好。出现严重腹侧水肿和明显心力衰竭的牛不宜手术。胸廓切开去除刺入的金属丝很困难，但是非常必要。通常，金属丝大部分或全部刺入胸腔，因此，很难甚至不可能通过瘤胃切开术清除。瘤胃切开术可能最适用急性病例，因为在这些病例中金属异物一部分可能仍留在网胃内。因此，如果计划手术，最好是通过拍X光片确定金属异物的侵害部位，然后再制定手术方案，是采用瘤胃切开术还是胸腔切开术。

八、创伤性网胃腹膜炎

创伤性网胃腹膜炎是指各种尖锐异物随食物进入瘤胃，继而到网胃并刺伤网胃壁所引起的网胃功能障碍和器质性变化，并伴有腹膜炎的一种疾病。本病的特征是突然不食，疼痛，前胃弛缓、瘤胃臌气反复出现。

【病　因】　主要是由于饲养管理不当，饲料加工调制不细，饲料中混有金属尖锐异物所致。常见的异物有铁丝、铁钉、发卡、针头等。由于牛采食快，不咀嚼，各种异物可随同饲草一起被食入，这是牛多发本病的内在因素。另外，瘤胃臌气、瘤胃食滞或妊娠、分娩及奔跑、跳沟、手术保定等情况下，由于腹内压急剧增高，网胃强烈收缩，是促进本病发生和发展的重要因素。

【临床症状】　本病的临床症状变化很大，影响因素包括创伤的部位、深度、波及的内脏器官、异物的形状和病畜妊娠或泌乳阶段等。

单纯性网胃炎全身症状多不明显。病牛体温 38～39℃，个别牛发病初期体温可升高到 39～40℃，心跳 80～90 次/分，呼吸正常。当异物一旦穿透网胃壁，引发网胃炎并涉及一定范围时，则表现前胃弛缓症状，食欲减退乃至废绝，反刍减少，瘤胃蠕动减弱，便秘，粪干、少而色黑，外面附着黏液或血丝。典型症状是病牛多站立，不愿移动躯体，强迫运动时步样迟滞，头颈伸展，肘头外展，肘肌震颤；当横卧、排粪时，痛苦不安，呻吟，磨牙；喜站在前高后低的地方，畏惧上下坡、跨沟或急转弯，下坡及卧下时表现出小心翼翼。随病情加重，病牛被毛粗刚、逆立、无光泽，腹部紧缩，瘤胃蠕动停止。如有反刍动作，病牛低头伸颈，将食团逆呕至口腔的过程表现出痛苦状。消瘦，全身无力，泌乳停止。当异物退回网胃内时，症状似有减轻；当异物刺伤其他组织或器官时，病情和症状明显加重。网胃区叩诊，病牛畏惧、不安、回避、呻吟或抵抗。病情发展成网胃穿孔性腹膜炎时，全身症状重剧，体温上升至 39.5～40℃，鼻镜干燥，眼结膜充血，流泪，颈静脉怒张；呼吸浅表急促，脉搏疾速，心搏动亢进，全身战栗，突然死亡。

【诊　断】　根据特征性临床症状肘头外展、弓背及肘肌震颤可做出初步诊断。

实验室检验：血液检查白细胞总数增多，其中嗜中性白细胞由正常的 30%～35% 增高至 50%～70%，核左移。检查腹腔积液，其中混有大量茶色液体，具有腐臭气味。

健胃药、泻剂诊断法：对食欲废绝、排粪干涸或停止的病例，使用硫酸镁 500～1 000 克，蓖麻油 500 毫升，一次灌服，无泻下作用和无食欲者，可怀疑本病，即所谓的"上下不通网胃查"。

【治　疗】

1. 保守疗法

（1）首先使病牛站立在前方较后方高出 15～20 厘米的斜面床位上，用普鲁卡因青霉素 300 万单位、双氢链霉素 5 克，溶于注射用水中，一次肌内注射，每日 2～3 次，连用 3～7 天。或用葡萄糖生理盐水 1 000 毫升，25% 葡萄糖注射液 500 毫升，10% 磺胺嘧啶钠注射液 200 毫升，一次静脉注射，每日 1～2 次，连用 3～7 天。

（2）胃内投放磁铁，即由铅、钴、镍合金制成的永久性磁棒，经口投入网胃，使金属性异物被吸附在磁棒上并将其固定或取出。

（3）液体石蜡 500 毫升，鱼石脂 15 克，95% 酒精 40 毫升。用法：将鱼石脂溶解于酒精中，混于液体石蜡中一次灌服。

2. 手术疗法　在尽早确诊的基础上，尽快手术取出异物。常用的手术方法是瘤胃切开术，将手伸入网胃探摸异物并将其取出。

九、瓣胃阻塞

瓣胃阻塞是由前胃弛缓、瓣胃收缩力减弱、内容物充满且干涸，致使瓣胃扩张、坚硬、疼痛，从而导致严重的消化不良的疾病。瓣胃因内容物停滞，压迫胃壁，使之麻痹，瓣叶坏死，进而引起全身功能变化，是一种严重的胃部疾病。

【病　因】 该病多因长期饲喂麸糠、酒糟等含有泥沙的饲料，或受到外界不良因素的刺激和影响而引发；也可能由真胃积食等继发而来。

【临床症状】 因病程不同而异。病初精神沉郁，食欲、反刍减少，有时空嚼或磨牙，体温、脉搏、呼吸正常。病后期，眼结膜发绀，四肢无力，卧地不起，反应迟钝，鼻镜干燥甚至龟裂，不断磨齿或伴有呻吟。食欲、反刍消失，瘤胃收缩减弱，排粪停止或排出少量黑色干粪球或扁薄硬块，有时粪表面附着白色黏液，有时排一些胶冻状泥炭样粪便。呼吸急促，体温稍高，瓣胃蠕动音消失。尿液减少，呈深黄色，后期无尿。触诊瓣胃敏感性增高，叩诊浊音区扩大。当全身症状恶化时，可迅速引起死亡。

【诊　断】 本病在临床上较少见，诊断比较困难，有时可见右侧瓣胃区有轻度地鼓起，深部触诊有疼痛等表现，注意与前胃疾病和真胃阻塞相鉴别。

【防　治】 避免长期用麸糠及混有泥沙的饲料喂牛，同时注意适当减少坚硬的粗纤维饲料；饲草不宜铡得过短，糟粕饲料不宜长期过多饲喂；注意补充矿物质饲料，并给予适当运动；发生前胃弛缓时，应及早治疗，以防本病的发生。

治疗原则是增强前胃运动功能，促进瓣胃内容物排除，增进治疗效果。

（1）硫酸镁 400～500 克、植物油 2 千克、水 10 千克，一次胃管灌服。

（2）瓣胃注射：站立保定，注射点局部剪毛、消毒，取16～18号针头，在病牛右侧第9肋间肩关节水平线下2厘米的部位，垂直刺入皮肤后，针头朝向左侧肋突方向，刺入8～10厘米深。为证实是否刺入瓣胃内，用注射器注入30毫升生理盐水并回抽，如回抽液中发现混有草屑的胃内容物，即可确定。向瓣胃注入所需药物，可用10%硫酸镁2 000毫升、植物油1 000毫升、盐酸土霉素3～5克。在灌服或瓣胃注射的同时，应用10%氯化钠500毫升、10%葡萄糖酸钙500毫升、10%葡萄糖1 000毫升、2%安钠咖注射液15毫升，静脉注射，以增强前胃神经兴奋性，促进前胃内容物运转与排除。

（3）穴位注射：脾俞穴注射，于胸壁左侧倒数第3肋间，距背中线约15厘米处，背最长肌与髂肋肌的肌沟中，用12号长针头刺入，用注射器注入维生素B_1 10毫升。

（4）接种瘤胃液：取健康牛瘤胃液3～5升，灌入瘤胃内。

（5）中药治疗：

①榆白猪脂散：火麻仁300克，当归180克，桃仁30克，瓜蒌仁90克，神曲30克，麦芽30克，山楂30克，黄柏30克，知母30克，莱菔子90克，茵陈120克，炒食盐120克，为末，猪油500克切碎，榆树皮1 000克，开水冲泡，猪油调和诸药，候温灌服。功能滋阴降火，润燥通便。

②升水滋肠散：商陆20克，青皮20克，当归20克，川芎20克，苦参20克，麦冬20克，玄参20克，良姜20克，柴胡20克，白芷20克，防风20克，枳壳20克，木通20克，柏叶（炒）20克，为末，水煎沸，加清油120克、白酒500毫升和药服。功能行气，润肠，滋燥。

③麻仁汤：火麻仁90克，大黄90克，郁李仁60克，当归90克，生地60克，煎汤去渣，候温加猪油250克，灌服。功能通导积滞，滋阴润燥。

④胃可润：枳实 25 克，大黄 45 克，神曲 30 克，山楂 30 克，麦芽 30 克，厚朴 30 克，为末，开水冲调，候温加麻油 500 毫升，灌服。功能润下消导。

十、真胃左方变位

真胃左方变位是指真胃由正常位置移到瘤胃和网胃左侧，位于瘤胃与左肋骨弓之间，是牛最常见的真胃疾患。

【病 因】 本病的确切病因尚不清楚，但可能与以下因素有关。在饲料以糟粕为主的养牛地区，精饲料少、几乎不运动的牛极易发生。这类牛瘤胃发育不全或真胃消化紊乱，引起真胃蠕动弛缓或收缩无力，处于明显的扩张状态，进而真胃从网胃后面与瘤胃前下部的间隙或瘤胃下面与腹腔底部之间的间隙钻入瘤胃的左侧和左腹壁之间，引起左方变位。

近年来，粗饲料饲喂较多而运动也较充分的牛也频繁发生本病。据分析其原因可能与常年给予玉米青贮有密切关系，主要是玉米青贮铡得过短（5 毫米以下），被牛采食后不能在瘤胃内被适当的发酵消化处理，很快移到真胃中，引起真胃的弛缓和溃疡。总之，凡能引起真胃弛缓的原因，都可能引发本病。

【临床症状】 病牛食欲降低，尤其不喜欢采食精饲料，多数病例粪便减少，左肷部明显凹陷，不反刍（少数病例有反刍动作，但逆呕不上来），有的食欲废绝。由于长期采食量少，瘤胃大多空虚，少数病例瘤胃积液。产乳量伴随采食量的减少而下降。排粪减少，多腹泻，粪便呈绿色糊状。体温、呼吸、心跳基本正常。逐渐消瘦，腹围缩小，肷部下陷，显露两侧肋骨及腰椎，尾根部凹陷。左侧倒数 1～2 肋间中部出现特征性"钢管音"。病程较长，有的可达 40 天，如不采取有效治疗措施，可最终死亡。

【诊 断】 在肩关节水平线和倒数的 1～2 肋间听诊，手指弹听诊器周围或倒数第一肋骨弓处会听见钢管音；有时在左侧腹壁剑状软骨后方处听诊可听见断续流水音，若在此处穿刺，检测内容物 pH 值在 3 以下可以确诊。

真胃积食、真胃溃疡、真胃积液、真胃炎等疾病也可听见左侧腹壁较大范围的钢管音，应注意鉴别。

1. 真胃左方变位 钢管音区域小而明显，多集中于左侧肩关节水平线与倒数 1～3 肋间交界处的上方区域。

2. 真胃积食和真胃炎 钢管音是由于瘤胃积液造成的，多出现在左侧倒数 1～2 肋间的上部，紧贴胸椎的大范围区域。且真胃积食多排出带有肠黏膜的稀粪，右腹部真胃区触诊真胃坚实、轮廓明显。

3. 弥漫性化脓性腹膜炎 两侧腹壁叩诊均出现大范围钢管音。腹腔内大脓肿除在脓肿侧的腹壁上叩诊出现钢管音外，脓肿部的腹壁高度膨隆和变形，并伴有持续性的体温升高。

【治疗】 对于单纯性真胃左方变位，一般先采用药物疗法。药物治疗通常包括口服缓泻剂、促反刍剂、抗酸药和拟胆碱药，以促进胃肠蠕动和加速胃肠道排空，促进真胃内气液的排空和复位，缺钙时静脉补充葡萄糖酸钙注射液，配合翻转法。据报道上述方法约有 30% 的治愈率。

（1）风油精 2 瓶，适量水稀释后一次灌服；也可等量口服薄荷油。

（2）黄芪 250 克，沙参 30 克，当归 60 克，白术 100 克，甘草 20 克，柴胡 30 克，生麻 20 克，陈皮 60 克，枳实 100 克，代赭石 100 克，川子 30 克，沉香（单独包放）15 克，用法：代赭石先煎 30 分钟后，加入其他药同煎，出锅前 5 分钟加沉香，取汁候温，一次灌服。

（3）翻转法：即使病牛在仰卧状态下左右反复摇晃，瘤胃内容物向背部下沉，对腹底壁潜在空隙的压力减轻，含大量气体的变位真胃随着摇晃上升到腹底空隙处，并逐渐移向右侧而复位。

---

(4) 手术疗法：即切开腹壁，整复移位的真胃，并将真胃或网膜固定在腹壁上。常见的固定术有：右腹正中旁真胃固定术、右腹网膜固定术、左腹真胃固定术等。

十一、真胃右方变位

真胃右方变位，又称为真胃右方扭转，是一种严重的致死性疾病，其特征是中度或重度脱水，低血氯、低血钾，代谢性碱中毒，真胃机械性排空障碍。

【病　因】 发生于冬季舍饲牛的产后，主要是饲喂高精饲料导致真胃弛缓和扩张，以及运动缺乏和分娩应激等诸因素共同作用的结果。

【临床症状】 病牛腹痛比较明显，食欲很快废绝，泌乳大减或停止，鼻镜干燥，烦渴贪饮，眼球塌陷，四肢、角尾等末梢冰凉，表情不安，脱水，全身症状比较明显。3～4天后，右腹部明显膨大，右肋弓部后侧尤为明显，甚至膨胀区域延伸至第13肋骨的后缘。肋弓下叩诊存在大的鼓音叩击区。右腹冲击式触诊可发现扭转的真胃内有大量的液体，可听到震水声。运用听叩诊结合的方法，在右肋弓部以至右腹中部可听到较大范围的"钢管音"。

患畜有时出现呼吸缓慢及极度浅表，表明已经发生重度的代谢性碱中毒。

【诊　断】 根据临床症状进行诊断，诊断真胃右方变位时，在叩诊右侧变位区域的同时，听诊右侧肋骨弓后缘，可以听到清脆的"钢管音"，但其并非真胃变位所特有，应注意鉴别。当牛发生泛发性腹膜炎时，听叩诊时左右侧都会出现大面积的"钢管音"。瘤胃积液积气时可在左侧出现"钢管音"。肠道积气积液，盲肠变位时可在右侧出现"钢管音"。直肠检查时，可于右侧肋骨后缘，左肾前下方摸到变位的真胃后缘形似半球，压之有弹性，可感到真胃内充满液体和气体，与瘤胃界限分明。瘤胃背面膨满，于右侧"钢管音"明显处（1～2 肋间）髋关节下角水平线上位置斜向前下方穿刺，抽取穿刺液检查，为橙红色液体，有的呈酱油色，含细小草末，无纤毛虫。

【治　疗】　尽快手术切开真胃，排出积液，纠正变位，配合强心补液、纠正碱中毒。采用真胃右方变位整复术，由于真胃扩张，体积非常大，积液量一般可达 3 万毫升左右。手术时应先将积液用大号套管针排出，然后再进行整复，否则真胃有破裂的危险。即使不放液真胃能够勉强整复，患牛也可能由于吸收了真胃内大量的有害物而中毒死亡。

十二、真胃积食

真胃积食也称真胃阻塞，是由于大量摄取磨细、含沙饲料而导致饲料在前胃和真胃中集聚过多引起。临床上以脱水、电解质平衡紊乱及碱中毒为特征。

【病　因】　原发性真胃积食，主要起因于长期大量采食粗硬而难消化的饲草或误食不能消化的异物。继发性真胃积食，主要缘于胃肌收缩力减退，真胃"泵"功能丧失和排空后送不畅。迷走神经分枝损伤、纵隔疾病、创伤性网胃炎继发幽门狭窄、幽门痉挛、毛球阻塞及淋巴肉瘤侵袭真胃壁等情况下，也可继发本病。

【临床症状】　病牛随着病程延长而停止吃草，不反刍，鼻镜干燥，排粪少或仅排一点稀黑黏粪，有的不排粪或 2～3 天排一点带黏液的粪。精神沉郁，眼球凹陷，衰弱，喜卧，脱水严重；腹围增大，瘤胃蠕动音减弱或无蠕动音，瘤胃内常充满液状内容物，右腹部下沉。典型症状：用手在右侧腹下的真胃区进行触诊，可触及轮廓明显的、坚硬的真胃，深部触诊和用力叩诊，病牛可因疼痛而呻吟。

【诊　断】　根据临床症状进行初步诊断。叩诊与听诊：左侧倒数 1～3 肋间的上方靠近肋关节处可听到钢管音，声音低沉，范围大，时有时无。

【治 疗】

（1）0.9% 生理盐水 1 000～1 500 毫升，真胃注射；5% 葡萄糖注射液 3 000～5 000 毫升，10% 氯化钠注射液 300～500 毫升，10% 氯化钙注射液 100～150 毫升，10% 安钠咖注射液 10～20 毫升，维生素 B_1 0.5～1 克，混合一次静脉注射。

（2）毛果芸香碱或新斯的明 10 毫克，每隔 3 小时皮下注射 1 次。

（3）中药疗法：

①芒硝 500 克，大黄 200 克，番木鳖酊 40 毫升，二丑 120 克，莱菔子 120 克，加温水，1 次内服。

②当归 40 克，生地 40 克，升麻 40 克，熟地 40 克，桃仁 40 克，槟榔 40 克，大黄 40 克，麻仁 40 克，炙甘草 40 克，红花 20 克，芒硝 500 克，液体石蜡 500～1 000 毫升，前 10 味煎汤去渣，化入芒硝，候温与液体石蜡一起灌服。功能活血养阴，润肠泻下。

③当归 450 克，研为末，食用油（或液体石蜡）1 000 毫升，将油煎沸，离火后加入当归拌匀，候温灌服。功能润胃泻下。主治牛真胃阻塞，粪干便秘。

（4）手术疗法：真胃切开术或瘤胃切开术，清除内容物。

十三、真 胃 炎

真胃炎是反刍动物的一种多发病，主要由于采食了腐败变质的饲草料、某些化学物质、有毒植物或前胃消化功能障碍以及应激因素引起真胃黏膜及黏膜下组织发生炎症反应，导致严重的消化不良的一种疾病。多发于老年牛和犊牛，体质虚弱的成年牛也可发生。

【病　因】　饲料粗硬、调理不当，或生霉腐败、质量差；犊牛消化功能尚不十分健全时，补充粗饲料过早；长期饲喂糟粕、豆渣；营养不足，缺乏蛋白质和维生素；饲养管理方法不当，饲喂不定时、时饥时饱，突然变换饲料，放牧转为舍饲，或劳役过度，体质衰弱，经常调换饲养员；或因长途运输，精神恐惧，过度紧张，引起应激反应，因而影响消化功能，导致真胃炎的发生。

某些化学物质与有毒植物的中毒，营养代谢产物障碍以及长期内服某些药物引起肾脏功能不全时的自体中毒、前胃疾病、代谢疾病、口腔疾病（包括牙齿磨灭不整、齿槽骨膜炎等），某些急性或慢性传染病，血矛线虫等寄生虫病，均能促进真胃炎的发生发展。此外，真胃淋巴肉瘤，以及肝脏疾病与慢性贫血所引起的神经营养障碍，也能成为真胃炎的病因。

【临床症状】　急性病例表现精神沉郁，垂头站立，眼睑半闭，无神无力，若胃壁穿孔，伴发局限性腹膜炎时，头颈伸展、上仰，拱背，后肢伸向前方站立，精神沉郁。被毛污秽、蓬乱，鼻镜干燥，结膜潮红、黄染，口腔黏膜被覆黏稠唾液，舌苔白腻，口腔散发甘臭。有的病例伴发糜烂性口炎。眼窝下陷，皮肤弹性降低，被毛缺乏光泽，消瘦；瞬膜、鼻唇粉红色；有的磨牙，心音亢进、心跳加快、节律不齐。瘤胃轻度臌气，瘤胃收缩力减弱，触诊右腹部真胃区，病牛有疼痛反应。肠道弛缓，便秘，粪便呈球状、表面被覆黏液或黏液膜，间或下痢。体温无变化，个别病例体温可能暂时性升高，皮温不整。泌乳量降低，甚至完全停止。有的病例表现腹痛，突然卧地，嘶声牟叫。有的视力减退，前进时不避障碍或卧地时四肢做游泳动作，具有明显的神经症状。排粪干硬而量少，表面光滑或附有黏液，个别表现腹泻。听诊左侧倒数 1～2 肋骨有钢管音。

【诊　断】　根据病牛消化不良，结膜与口腔黏膜黄染，具有便秘或腹泻现象，有时伴发呕吐等现象，结合触诊真胃区敏感，可做出初步诊断。

【治　疗】　治疗原则是清理胃肠、消炎止痛。晚期病例应强心、补液、促进新陈代谢。慢性病例应注意清肠消导、健胃止酵。

1. 急性真胃炎

（1）病初先禁食1～2天，并用植物油500～1 000毫升，或人工盐400～500克，加水配成6%溶液，内服。同时用安溴注射液100毫升，静脉注射，增强中枢神经系统的保护性抑制作用。

（2）犊牛在绝食期间，先给饮温生理盐水，再给少量牛奶，逐渐增量。断奶犊牛可饲喂易消化的优质干草和适量精饲料，补饲少量的氯化钴、硫酸亚铁、硫酸铜等微量元素。瘤胃内容物腐败发酵时，可用四环素0.5克，内服，每天1～2次；或用链霉素1克，内服，每天1次，连续应用3～4天。必要时给予新鲜的牛瘤胃液，增强消化功能。

（3）对病情严重、体质衰弱的成年牛应及时用抗菌药物，防止感染，同时用5%葡萄糖生理盐水2 000～3 000毫升，20%安钠咖溶液10～20毫升，40%乌洛托品20～40毫升，配合静脉注射，促进新陈代谢，改善全身功能状态。

（4）病情好转时，可用复方龙胆酊60～80毫升，或橙皮酊30～50毫升，口服，健胃止酵，增强消化功能。

2. 慢性真胃炎

（1）改善饲养和加强护理，适当的应用人工盐、酵母片、龙胆酊、橙皮酊等健胃剂。

（2）必要时，给予盐类或油类轻泻剂，清理胃肠，由于真胃炎影响前胃内容物的排出，久之发生酸败产生有毒物质，所以洗胃、导胃十分必要。用足量的1%食盐水反复的洗胃与导胃，直到导出的内容物无酸臭味以及瘤胃较空虚为止，然后再向胃内注入一定量1%食盐水，这可防止瘤胃的酸败内容物及毒素对真胃黏膜的刺激。

（3）缓泻：根据病情，如排粪较干，可投给中等剂量的硫酸镁或人工盐，连用2天。对排粥状粪便的可投给中等量人工盐及健胃散等。

（4）消炎镇痛：30% 安乃近 20 毫升，肌内注射，每日 2 次。病初可静脉注射青霉素钠或黄连素；必要时可以采取瓣胃内注射链霉素、恩诺沙星等，每日 2 次，效果较好。

此外，根据病情，可采取相应的对症疗法，如强心补液、纠正酸中毒和解毒，控制感染等。

十四、真胃溃疡

真胃溃疡是临床表现厌食、腹痛、产奶量下降和黑粪为特征的消化功能紊乱性疾病。

【病　因】　本病在临床上可分为原发性真胃溃疡和继发性真胃溃疡。

原发性真胃溃疡，通常起因于饲料突变、品质不良、粗硬、霉变等所致的消化不良。另外长途运输、拥挤、妊娠分娩等应激因素也可诱发，所以本病多发于肉牛、妊娠分娩的奶牛及断奶后的犊牛。断奶后的犊牛发生本病，可能是由于在人工乳或代用乳转变为固体饲料过程中，真胃黏膜受到机械性损伤所致。

继发性真胃溃疡，一般见于真胃变位、真胃炎、黏膜病、口蹄疫、恶性卡他热、血矛线虫病、水疱病、传染性鼻气管炎等传染病和寄生虫病的经过中，导致发生真胃溃疡以至真胃黏膜的出血、糜烂、坏死。

【临床症状】　真胃轻微出血，能看到粪便中带些松馏油样物质，有时几天或几星期才见 1 次。真胃大量出血，病牛烦躁不安，衰弱，贫血，发冷，心脏出现贫血性杂音，排大量松馏油样粪便，直肠检查时，此类粪便沾满整个手臂，体温降低，几小时后死亡。

病初食欲减退或废绝，反刍减少或停止，骚动不安，不愿起立，神情抑郁、紧张，腹壁收缩，按压皱胃区正常，除去按压反而表现疼痛。磨牙、空嚼，伴随呼气发出"吭吭"的声音，呻吟，鼻镜干燥，听诊瘤胃蠕动音低沉，蠕动波短而不规则。排粪量少，粪便表面棕褐色，里面多见到暗褐色肉质索状物或絮状物（脱落的胃黏膜）。体温 38.8～39.6℃，呼吸 30～50 次/分，心跳次数为 60～90 次/分，舌底紫暗色，脉弦紧，贫血。有时候在右侧最后肋骨到肷部的范围内，听诊可听到金属音，同时触诊可听到胃液移动的拍水音，压迫右下腹部真胃区病牛有疼痛感。

【诊　断】　根据临床症状，如突发厌食，真胃深部触诊疼痛，心搏过速，黑色粪便和贫血等可进行初步诊断。由于患牛出现不安、呻吟、发出"吭吭"音、衰弱、贫血、肌肉震颤、心音微弱或听诊感觉心音遥远，极易误诊为创伤性心包炎。鉴别要点是：本病不出现心音分裂、心音混浊和心包拍水音，舌色苍白而非青紫，舌底呈青紫或暗紫色。本病与真胃炎的鉴别要点是真胃炎患牛粪便中看不到暗褐色肉质索状物或絮状物。

【治　疗】　针对致病因素，改善饲料、饲养管理，适当应用镇静、消炎、止痛剂，中和胃酸，防止出血，防止继发感染。

（1）中和胃酸：氧化镁 350 克，液体石蜡 2 000 毫升，胃管投服，每天 1～2 次，连用 2～4 天。

（2）控制胃内细菌感染：长效磺胺 40 克或磺胺二甲嘧啶 40 克，一次口服，每日 2 次，连用 5 天，首次剂量加倍。

（3）止血：10% 止血敏注射液 20 毫升，肌内注射，每天 1 次，连用 3～5 天。也可以用 10% 葡萄糖酸钙注射液 500 毫升静脉注射，或仙鹤草素 20 毫升肌内注射。

（4）镇静：2.5% 氯丙嗪注射液 15 毫升，肌内注射；也可用安乃近注射液 25 毫升肌内注射止痛。

（5）中药治疗：炒当归 60 克，赤芍 80 克，五灵脂 60 克，乌贼骨 45 克，蒲黄 60 克，香附 60 克，甘草 40 克。水煎，一次灌服。血虚加阿胶、枸杞，气虚加黄芪、白术，胃出血加白芨。

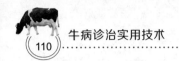
十五、肠 便 秘

本病的发生常常是很多疾病的临床症状之一，单纯的肠便秘很少发生。

【病　因】　由于长期饲喂大量浓质饲料而使肠胃负担过重，干扰肠的正常蠕动，或由于饱食而又不经常运动，个别牛由于腹部肿瘤，某些腺体肿大，肝脏疾病导致胆汁排出减少等而发生。

【临床症状】　病牛肠蠕动音减弱或停止，排粪次数减少或停止排粪，粪块干燥而硬固，表面多呈黑褐色，呈小饼状或算盘珠状，严重的便秘常引起腹痛和发热。长时间便秘，由于自体中毒引起沉郁、厌食、虚弱和心功能不全。口腔干燥，口色正常或稍红，有薄层灰白或灰黄色舌苔，口腔有甜臭味或稍有腐败臭味。牙齿磨损不整，硬腭肿胀。

【诊　断】　具有便秘症状的疾病较多，诊断时主要依据问诊与临床检查，特别是观察排粪及粪便情况，进行类症鉴别，必要时进行直肠检查和药物性诊断，有助于确诊。

直肠检查：通过直检，可判断是单纯性便秘还是由胃肠道阻塞所继发的便秘。原发性便秘系指直肠及结肠中有多量的粪便蓄积。还可判定腹腔有无肿瘤以及腰荐脊椎有无损伤。

药物性诊断：给予胃肠兴奋剂（如皮下注射少量毛果芸香碱等），如系原发性便秘，排粪情况即可改善；如系胃肠阻塞引起的便秘，则用药后腹痛加剧，病情不一定减轻。

【治　疗】

（1）复方氯化钠溶液、生理盐水或者5%糖盐水3 000～4 000毫升，静脉注射，每天1～2次。

（2）硫酸镁或硫酸钠300～500克，加水7 000～9 000毫升，灌服，可促泻。

（3）人工盐250克，芦荟40～50克，蓖麻油400～600毫升，硫酸钠 300 克，混合后一次灌服。

（4）小牛患此病，可用 70～100 毫升液状石蜡或 40 毫升甘油，每 5～7 小时灌肠 1 次，效果较好。

（5）大黄 120～220 克，山楂 120～240 克，神曲 130～250 克，枳实 60 克，槟榔 55 克，厚朴 55 克，木香 55 克，芒硝 250～450 克，水煎后一次灌服，可治大便不通，小便短而色黄，腹疼腹胀，停食，口舌干燥等。

（6）食盐 300～400 克，温水 6 000～8 000 毫升，混合配成 5% 溶液，一次灌服（食盐按每千克体重 0.6～0.8 克计算）。服药后要经常牵溜，配合腹部按摩，并任其饮水。功能软坚散结，攻下通便。应用时需严格控制食盐用量。

十六、胃肠炎

胃肠炎是皱胃和肠道黏膜及其深层组织的炎性疾病，体现为体温升高、腹痛、腹泻、脱水、酸中毒或碱中毒等。

【病　因】　天气突变，饲料饲草单一或比例失调、采食腐败霉变饲料，稻草及冰冻、脏污、不易消化、有毒的草料，突然变换草料，圈舍卫生差，胃肠内有寄生虫等都能引起本病发生，或继发其他细菌感染而发病。

【临床症状】　患牛一般精神沉郁，食欲减退或废绝，反刍停止，心跳加快，瘤胃蠕动音减弱，肠音亢进或减弱，泌乳量急剧下降，病初体温升至 40～41℃，饮欲增加，皮温不正常，角根、耳根等部发凉；腹痛，磨牙，呻吟，里急后重，或粪便稀薄如水，混有大量黏液，颜色呈灰、褐红色或柏油状，个别粪便带脓血气味，恶臭；严重脱水而出现酸中毒，眼球下陷，结膜潮红，体温开始下降，站立困难，常常衰竭而死。

【病理变化】　胃肠黏膜充血，肠壁变薄而缺乏弹性，肠管扩张，呈半透明状，肠系膜充血，淋巴结肿胀，肠黏膜脱落。

【治　疗】

（1）硫酸镁250克，鱼石脂（加酒精50毫升溶解）15克，鞣酸蛋白20克，碳酸氢钠40克，常水3000毫升，一次灌服，清除胃肠内容物。同时口服磺胺甲基异噁唑20克，首次剂量加倍，每天2次，连用3～5天；或口服磺胺脒30～50克。

（2）丁胺卡那霉素300万单位，10%氯化钾100毫升，5%葡萄糖生理盐水4000毫升，25%葡萄糖1000毫升，5%碳酸氢钠500毫升，一次缓慢静脉注射；庆大霉素160万单位，一次瓣胃注射，也可用土霉素粉5克加常水混合瓣胃注射。同时，配合强心、补液，纠正酸中毒等对症治疗。

（3）中药治疗：

①郁金散：郁金45克，黄连20克，黄芩30克，黄柏30克，栀子30克，诃子30克，白芍30克，大黄45克。共研为末，沸水冲调，候温一次灌服。体质虚弱者加黄芪、党参、白术各40克，不食者加神曲、麦芽、山楂各25克，有脓血者加地榆炭、炒蒲黄、炒侧柏叶各30克。生菜油1千克于第一次投服中药前1小时投服，连服3次。

②白头翁汤加味：白头翁72克，黄柏36克，黄连36克，秦皮36克，黄芩40克，枳壳45克，芍药40克，猪苓45克，水煎取汁，灌服。

十七、口　炎

口炎是口腔黏膜炎症的统称，分为卡他性、水疱性和蜂窝织性等类型。

【临床症状】　卡他性口炎表现流涎，采食和咀嚼障碍，口腔黏膜潮红，增温、肿胀和疼痛。其他类型口炎，除卡他性口炎的基本症状外，还有口腔黏膜的水疱、溃疡或坏死等病变，有些病例伴有发热等全身症状。

【治 疗】

（1）2%～3% 硼酸溶液 100～200 毫升，2% 龙胆紫溶液 30 毫升，用前者冲洗口腔，用后者涂布溃疡面。冲洗口腔还可用 1% 食盐水或 1% 鞣酸溶液。涂布溃疡面也可用碘甘油（5% 碘酊 1 份、甘油 9 份）或 5% 磺胺甘油乳剂。

（2）冰硼散：硼砂 25 克，元胡粉 25 克，朱砂 3 克，冰片 2.5 克，共研为细末，用小竹管吹入患处少许。

第六章
泌尿系统疾病

一、急性肾炎

急性肾炎是以急性肾炎综合征为主要临床表现的一组原发性肾小球肾炎，又称急性肾小球肾炎。临床以血尿、蛋白尿、高血压、水肿及肾功能一过性减退为主要表现。该病可导致进行性肾脏衰竭，严重时出现蛋白尿、低白蛋白血症、体重下降及腹侧水肿等。

【病　因】　一般误食汞、铅、苯酚等有毒物质或采食霉败饲料、有毒植物，经肾脏排出时，可引起本病；某些传染病发生过程中，如炭疽、流行性感冒、口蹄疫以及链球菌感染等常可并发急性肾炎。另外，麻痹性肌红蛋白尿病、膀胱炎以及肾盂肾炎常继发本病。

【临床症状】　患畜精神沉郁，食欲减退，体温升高，频频排尿，但每次尿液不多或呈点滴排出，而后甚至完全不排尿。当尿液中含大量红细胞时，则呈淡红乃至深红褐色（血尿）。尿密度增高，含有蛋白质（蛋白尿）。尿沉渣中可见数量不等的肾上皮细胞、红细胞、白细胞，细胞管型，颗粒管型或透明管型等。

【诊　断】　主要依据严重感染、中毒后发病的病史，肾区叩痛、少尿或无尿等临床症状，检验中发现蛋白尿、血尿、肾上皮细胞、各种管型等即可确诊。

【治　疗】 治疗要点是消除炎症，抑制免疫反应。

（1）抗菌消炎：可尝试多种抗生素，如庆大霉素、卡那霉素、头孢类，以及青霉素和链霉素等，如青霉素 0.8 万～1.6 万单位 / 千克体重，链霉素 10～15 毫克 / 千克体重，每日 2 次，连用 1 周。

（2）免疫抑制疗法：氢化可的松，0.5～1.5 毫克 / 千克体重，静脉注射，每周 1 次。

（3）促进排尿，消除或减轻水肿：可用双氢克尿噻或呋塞米，内服或肌内注射。

二、肾盂肾炎

肾盂肾炎是肾盂和肾实质因细菌感染而引起的一种炎症。常伴有输尿管及膀胱不同程度的炎症过程。其临床特征是排尿频繁及困难、尿液浑浊、血尿，又称牛细菌性肾盂肾炎或牛传染性肾盂肾炎。

【病　因】 肾棒状杆菌为本病最常见的病原菌。这种细菌对泌尿道有特异的亲和力，能引起尿路的炎症。细菌经外尿道及尿道上行入侵，首先引起膀胱炎，再进一步到达输尿管及肾盂进行繁殖，引起化脓性肾盂肾炎。也可因化脓性棒状杆菌、葡萄球菌及变形杆菌等常在的杂菌在病变部位繁殖，引起本病，也可能和肾棒状杆菌混合感染而使病情恶化。

本病多发于寒冷地区，呈散发。在曾经发生过本病的牛舍，其后有继续发生的倾向。传播途径主要是通过刷拭、尿液污染的垫草感染阴道，以及消毒不彻底的产科用具和导尿管等使尿道发生创伤而感染。

【临床症状】 体温升高至 39.5～40.5℃，脉搏、呼吸没有变化，食欲废绝，泌乳量剧减，有腹痛症状。主要症状是不断排出混有脓汁、黏液及坏死组织碎片的污秽血尿。病牛常取排尿姿势，但排尿困难，用力挤压仅排出少量尿液。尿液浑浊，混有黏液、脓液和大量蛋白质。直肠检查可触知肿大的肾体，按压时疼痛不安，输尿管膨胀、扩张、有波动感。病牛由于肾脏出血而出现贫血，眼结膜、口腔黏膜和阴道黏膜苍白，心音亢进，食欲逐渐下降，产奶量也下降，脱水、消瘦。

【诊　断】　根据临床症状（如发热，消瘦，眼结膜、口腔黏膜和阴道黏膜苍白等）、直肠检查（可摸到肾脏肿大）、阴道检查和尿液分析（尿中有红、白细胞和蛋白尿）及尿液微生物培养等，可确诊。

【治　疗】　治疗原则是抗菌消炎、解毒利尿。抗菌消炎可以选用青霉素、卡那霉素、庆大霉素、先锋霉素等抗生素。

（1）治疗中感染肾棒状杆菌的，应使用大剂量青霉素治疗，连用8～15天，常有显著疗效；对革兰氏阳性菌所致的，常用青霉素300万单位，一次肌内注射，每日2～3次，连用3～5天。

（2）尿路抗菌消炎：拜有利注射液，肌内注射，2.5～5毫克/千克体重，每天1次，连用3～5天。

（3）解毒利尿：25%葡萄糖液1000毫升，乌洛托品10克，安钠咖2克，一次静脉注射，每日1～2次，连用2～3天。

治疗效果应在结束治疗15～20天后，通过尿液的细菌培养结果进行判定。

三、慢性肾炎

慢性肾炎是指各种病因引起的不同病理类型的肾小球的炎症，伴有肾小管上皮轻微的变性病变。其临床特征是血中白蛋白减少、严重的蛋白尿及四肢、胸前、下颌、腹下水肿。

【病　因】　慢性肾小球肾炎被认为是由于沉着于肾小球的抗原—抗体复合物或感染动物产生的侵害肾小球基底膜的特异性抗体所致，两种因素对肾小球的损伤均可干扰其正常的滤过功能，从而使蛋白通过肾小球滤过进入尿液而丢失，随后会逐渐发展成肾衰竭。母牛肾小球肾炎通常与体腔、乳房、子宫感染有关，并被认为是由于循环的抗原—抗体复合物所致。由化脓性细菌继发的感染，如脓肿不断促进机体产生抗体，因而诱发肾小球肾炎。

【临床症状】 典型症状为体重下降，食欲及生产力降低，被毛粗乱和腹侧水肿，腹泻。

症状较轻的病牛不易被发现。病重牛表现全身衰弱、乏力，体温中度升高，食欲减退，消化不良或严重的胃肠炎，逐渐消瘦、衰竭或贫血。后期，眼睑、胸腹下、四肢末端出现水肿。心音微弱，颈静脉怒张。呼吸急促、次数增加。直肠检查可触摸到肿大的肾脏，尿量减少，含大量蛋白质而尿密度增高，浑浊，内含蛋白质、红细胞、白细胞和肾上皮细胞。

【诊　断】 根据肾脏肿大，腹侧水肿、低蛋白血症及逐渐消瘦，后期出现眼睑、胸前、腹下或四肢末端水肿，重症出现体腔积水，尿量不定，尿液中有大量的蛋白质，尿沉渣中有大量的上皮细胞、红细胞、白细胞，血液非蛋白氮含量增高等。根据症状及实验室生化检查可初步诊断。

【治　疗】 牛的慢性肾炎，一经确诊，多数病例已陷入尿毒症的地步，基本没有治愈的可能，应立即淘汰。

四、膀　胱　炎

膀胱炎是由非特异性细菌感染引起的膀胱壁急慢性炎症性疾病。

【病　因】 大多数膀胱炎是由于细菌感染所致。难产是牛膀胱炎的一个主要病因，因为难产可能损伤分布到膀胱的荐神经，从而降低膀胱张力，干扰膀胱排空，或因尿滞留或直接通过尿道污染而使膀胱感染。在使用导尿管的过程中，导尿管过于粗硬，操作粗暴，膀胱镜使用不当，损伤膀胱黏膜，尿结石对膀胱黏膜的刺激等，都可诱发膀胱炎。

【临床症状】 急性膀胱炎主要表现排尿异常、尿液变化、痛性尿淋漓等典型症状。病牛常取排尿姿势，疼痛不安，频频排出少量尿液或点滴流出。经直肠触压膀胱，病牛疼痛不安，膀胱一般空虚。尿液浑浊，有很强的氨臭味，混多量黏液、凝血块、脓液、纤维蛋白或坏死组织片。

【诊　断】 根据排尿异常、尿痛、尿液变化等临床症状不难做出诊断。

【治　疗】

（1）冲洗膀胱：用导尿管排出膀胱内积尿后，用生理盐水反复冲洗，再用 1%～3% 硼酸盐、0.1% 高锰酸钾等药液冲洗。为收敛止血，可用 0.5% 鞣酸液或 1%～2% 明矾液等冲洗。

（2）抑菌消炎：青霉素 80 万～120 万单位，溶于 50～100 毫升蒸馏水内，冲洗膀胱后注入，每天 1～2 次，效果较好。

（3）10% 葡萄糖 500 毫升，40% 乌洛托品 50 毫升，10% 水杨酸钠 100 毫升，10% 安钠咖 20 毫升静脉注射，每日 1 次，连用 3～5 天。

（4）必要时可以全身应用抗生素。

五、尿石症

本病为尿中溶解的无机盐类在肾脏和膀胱析出尿石，阻塞尿道和输尿管，引起排尿困难，多发生于去势后的公牛。

【病　因】 主要原因是精饲料给予过量而粗饲料给予不足。尿石的化学组成是磷酸盐或硅酸盐的结晶，其形成与土壤、饲料、饮水中含有某些过量矿物质有关，也与尿液的 pH 值、肾功能状况、饮水质量也有关。维生素 A 的缺乏及饮水不足、饮用硬质水易使尿液浓缩及含石灰质过多，可促进尿石的形成。另外，早期的去势阻碍了尿道的发育，成为尿石排泄困难的主要原因，特别是公牛尿道长，有一个"S"形弯曲，故易发生阻塞。

【临床症状】 病牛精神沉郁，姿势异常，运步时出现高抬腿动作，小心前进不愿走动。站立时拱背缩腹、拉弓伸腰，表现各种假性腹痛症状，如呻吟、磨牙、踢腹、起卧等。典型症状是排尿异常、排尿量减少、排尿困难，频频做排尿姿势，叉腿、拱背、缩腹、举尾，排出线状或点滴状混有脓汁、血凝块的红色尿液，尿液的始末红色尤为明显。主要发生于去势后的公牛，且往往发生于"S"状弯曲部。病牛表现不安，包皮毛丛上结有晶体物及污秽物。触诊尿道有敏感区，有时可触到肿胀部。直肠检查膀胱有不同程度胀满。由于结石阻塞尿道，甚至引起膀胱破裂。

【诊　断】 根据临床血尿、阴茎包皮丛附有盐类结晶及尿痛等特点可做出初步诊断。但尿石症应注意与尿道炎区别：尿道结石症常突然发生，而尿道炎的排尿障碍，多因阴茎肿胀逐渐形成，必要时可进行血、尿化验检查。直肠检查，膀胱膨大，充满尿液。膀胱颈口及尿道阻塞时，导尿管探诊受阻，可感知尿石的存在。

【治　疗】

（1）**使用尿道肌肉松弛剂**　2.5%氯丙嗪溶液，10～20毫升，肌内注射。

（2）**冲洗导尿**　将导尿管插入尿道或膀胱，注入清洁液体，反复冲洗。适用于粉末状或沙粒状结石。

（3）**手术疗法**　对于保守疗法不能治愈的尿石症，可实施尿道切开或膀胱切开术，将尿石取出。

第七章
代谢性疾病

一、肥胖母牛综合征

肥胖母牛综合征又称脂肪肝，是一种以肝脏脂肪蓄积和脂肪变性为病理特征的围产期代谢病。

【病　因】　主要是干乳期饲喂过度而使母牛在妊娠后期和产犊时过于肥胖，在分娩后并发各种产后疾病（产后瘫痪、胎衣不下、产褥热等），并表现出严重的症状，是死亡率较高的代谢性疾病。

一般认为由于从泌乳后期到干乳期间，给予过多的饲料引起母牛过肥是最主要原因。呈肥胖状态的妊娠牛，全身各器官和大网膜、肠系膜，特别是肝脏蓄积着大量的脂肪。一旦分娩则开始泌乳，急剧需要增加能量，这时母牛发生能量负平衡。为了补偿这些能量要求，母牛将全身贮积的体脂肪动员到肝脏去。但是这时肝脏已经贮积了多量的脂肪，功能已经显著下降，没有利用处理体脂肪的能力，其结果是产生大量的酮体，引起严重的中毒症状。由于分娩应激和产奶对能量的要求，成为这种疾病的最大诱因。

【临床症状】　病初表现精神沉郁，食欲减退或废绝，被毛无光泽，产奶量下降，瘤胃蠕动迟缓，听诊胁部，特别是左侧胁部能听到与心音极为相似的心血管音。呼气、尿液及粪便有酮味，尿酮体呈阳性反应。这些症状与酮病极其相似，但用一般酮病治疗方法很难见效。

【病理变化】 肝脏轻度肿大，呈黄白色，脆而油润，肝细胞呈严重的脂肪变性。肾小管上皮脂肪沉着，肾上腺肿大，色黄。

【诊　断】 根据围产期饲喂高能量饲料的病史，以及过度肥胖、毛色无光泽、突然停食、卧倒不起、虚弱等症状；通过测定血浆中葡萄糖、游离脂肪酸、谷草转氨酶（Glu、FFA、AST）的含量进行诊断，如果与穿刺进行组织学检查的符合率达85%以上，可确诊。正常肝脏中约含5%（按湿重计）的脂肪，如含20%或以上，可确诊。

【治　疗】 治疗原则是抑制体脂分解，保肝解毒，改善瘤胃功能和对症治疗。完全丧失食欲者常归于死亡，无治疗意义。对尚有一定食欲者，可考虑用以下方法治疗。

（1）50%葡萄糖500～1 000毫升，静脉注射；或烟酸12～15克，氯化钴100克，氯化胆碱80克，灌服。

（2）5%葡萄糖盐水3 000毫升，25%葡萄糖2 000毫升，5%碳酸氢钠500毫升，地塞米松20毫克，混合静脉注射。

另外，根据具体情况，还可配合应用钙、镁制剂进行治疗。

二、酮　病

牛酮病是碳水化合物和脂肪代谢紊乱所引起的一种全身性功能失调的代谢病。其临床特征是酮血、酮尿、酮乳，出现低血糖、消化功能紊乱、产乳量下降，偶尔有神经症状出现。

【病　因】 酮病主要是由于饲喂高蛋白、高脂肪、低糖饲料和其他原因使酮体在体内贮积而出现消化功能障碍和神经症状的疾病，牛比较常见。

此病多发生于产奶最高峰之前，由于产奶量急剧增加，能量需要也不断增加，有的奶牛由于饲料供给不能满足需要，有的因自身机体原因，引起血糖降低而导致此病的发生。因此，本病多发生于能量要求高的第三到第六产的高产奶牛。另外，各种环境刺激因素引起激素代谢失调或者给予丁酸发酵青贮的情况下，酮体产生过剩，也可引起酮病。此外，当病牛患消化系统、子宫等疾病时，也可引起继发性酮病。

【临床症状】 临床型酮病常在产后几天至几周内出现，以消化紊乱和精神症状为主。患畜食欲减退，不愿吃精饲料，只采食少量粗饲料，或喜食垫草和污物，反刍停止，最终拒食。粪便初期干燥，呈球状，外附黏液，有时排软粪，臭味较大。后多转为腹泻，迅速消瘦。精神沉郁，凝视，步态不稳，伴有轻瘫。呼出气体、乳汁、尿液有丙酮味（烂苹果味），加热后更明显。泌乳量下降，乳脂含量升高，乳汁易形成气泡，类似初乳状。尿液呈浅黄色，易形成泡沫。叩诊肝脏正常位置处可见浊音区扩大。有少数病牛表现神经型症状：突然出现咬牙，狂躁，兴奋，无目的地吼叫，向前冲撞，眼球震颤，步态蹒跚，转圈运动，横冲直撞，四肢叉开或相互交叉，站立不稳，全身肌肉紧张，空嚼磨牙，流涎，感觉过敏等神经症状，甚至有时啃咬自己的皮肤。神经症状发作持续时间较短，但可能反复出现。有的病牛嗜睡，常处于半昏迷状态。

亚临床型表现为进行性消瘦，母牛泌乳量下降、发情迟缓等，尿酮检查阳性即可确诊。

【诊　断】 本病根据临床症状容易做出初步诊断。确诊需根据病史、结合酮体测定。

【治　疗】 以补糖为治疗原则。首先根据病因调整饲料，增加碳水化合物及优质牧草。在临床上采用药物治疗和减少挤奶次数相结合的方法。

（1）50%葡萄糖注射液500～1000毫升，静脉注射，每日2次。

（2）丙二醇或甘油，口服，每日450克，分2次服用，随后每日 225 克，连用 2 天。

（3）氢化可的松 250 毫克，溶入 1 000 毫升葡萄糖氯化钠注射液中，静脉注射，1 次 / 天；氯酸钾 30 克溶于 250 毫升水中，口服，每天 2 次；给病牛投服健康牛瘤胃液，每天早晚各服约 1 升，连用 3 天。

（4）对于神经型患牛，可用水合氯醛，首次剂量 30 克，加水口服，继之再给 7 克，每天 2 次，连用 5 天；或肌内注射 2.5% 氯丙嗪 10 毫升。

（5）补充维生素 A、维生素 C、维生素 E、维生素 B_1 和维生素 B_{12} 等，纠正酸中毒，加强前胃消化功能等。

（6）中药治疗：当归 35 克，川芎 35 克，砂仁 35 克，赤芍 35 克，熟地 35 克，神曲 35 克，麦芽 35 克，益母草 35 克，广木香 35 克，开水冲，灌服，连用 3～5 次。

三、生产瘫痪

生产瘫痪又称乳热症或低血钙症，是母牛分娩前后突然发生的严重的代谢性疾病。临床特征为低血钙、知觉丧失及躺卧瘫痪。本病以高产奶牛 3～6 胎（5～8 岁）多发，多数发生在分娩后的 3 天之内，特别在 48 小时最多发。

【病　因】　一般认为该病与钙吸收减少和排泄增多所致的钙代谢急剧失衡有关。正常产后奶牛钙离子浓度为 8～12 毫克 /100 毫升，平均 10 毫克 /100 毫升，发病后为 3～7 毫克 /100 毫升。妊娠后期，饲喂大量高蛋白、高钙饲料，由于机体需钙较少，机体对钙的调节和吸收能力下降，产后大量血液进入乳房，使血钙一时性大量减少，而甲状旁腺素的分泌又不足，不能很快升高血钙，机体不能动用骨骼中钙而导致低血钙。产前饲喂高钙、高蛋白、高营养饲料；妊娠后期采食量减少，使血钙降低；长期营养不良及缺钙，均可引起本病发生。分娩后腹压突然降低，腹腔器官被动性充血，同时大量血液进入乳房，引起暂时性脑贫血，使大脑皮质抑制，从而影响甲状旁腺的分泌功能，也会导致本病发生。此外，本病和磷、钾、镁的代谢变化也有一定关系。

【临床症状】

1. 典型症状　病初表现短暂的不安，很快出现精神沉郁，肌肉震颤，步态不稳，后肢交替站立负重，1～2小时后倒地躺卧，不能站立，而且同时伴有昏迷的症状，表现意识障碍、闭目昏睡，各种反射功能（光、眼睑、疼痛反射）减弱或消失，末端部位（四肢、耳）发凉，体温下降至35～36℃，食欲废绝，反刍停止，瘤胃蠕动及排粪、尿停止，且有轻度瘤胃鼓气，鼻镜干燥，瞳孔散大，肛门松弛，心音快而弱，可达90～120次/分，呼吸慢而浅表。如不及时诊治可在48小时内死亡。典型姿势为伏卧，头向后弯到胸部一侧，四肢屈于躯干下，闭目昏睡。

2. 非典型症状　主要特征是头颈姿势不自然，由头部至肩胛部呈轻度的"S"状弯曲。病牛精神沉郁但不昏迷，卧下后站立困难，食欲、反刍、嗳气等减少或停止，体温稍低。

【诊　断】　根据发病年龄、发病时间、高产牛及特征症状（精神沉郁或昏迷、体温下降、血钙下降及特殊姿势），结合乳房送风法和补钙疗法有较好疗效等，可确诊。

【治　疗】

1. 补液疗法　原则：①钙量要足；②补液量要大；③补足糖；④注意其他元素，如磷、钾、镁及维生素C的补充。

10%葡萄糖酸钙注射液应在1000毫升以上，配合25%葡萄糖1000～1500毫升静脉注射，为增加血容量，可静脉注射0.9%生理盐水或糖盐水1500～2000毫升，可根据情况补充10%氯化钾30～50毫升（特别是在心跳特别快时），或25%硫酸镁溶液60～100毫升。如果用药6小时不能站立，可连用2次，总次数不超过3次。

2. 乳房送风法　用乳房送风器注入乳房空气。

原理是注入空气，使进入乳房中的血液量减少，使血钙提高，使昏迷症状减轻，进一步可促进大脑皮质兴奋，使机体对血糖、血钙进行调节。注意：空气的量要适当，在乳房边缘明显，叩诊呈鼓音即可。

3. 对症疗法　静脉或肌内注射安钠咖强心，如心跳太快，超过 120 次 / 分，可用樟脑磺酸钠；穿刺或投服止酵药（用胃管），防止瘤胃臌气；同时静脉注射 5% 碳酸氢钠注射液纠正酸中毒；肌内注射催产素，促进产后子宫收缩；在给予钙剂 2～3 次后效果不佳时，也可考虑静脉注射磷酸二氢钠注射液，也可在补钙的同时口服磷酸二氢钠；也可考虑用肾上腺皮质激素类药物促进代谢，据报道，肌内或静脉注射地塞米松 20 毫克 / 次，配合钙疗法效果较好。

4. 中药治疗　黄芪 60 克，党参 60 克，当归 45 克，川芎 30 克，桃仁 30 克，续断 30 克，桂枝 30 克，木瓜 20 克，牛膝 30 克，秦艽 30 克，益母草 90 克，炮姜 15 克，白术 30 克，甘草 15 克。水煎去渣，加入骨粉 60 克，黄酒 200 克，调匀一次灌服。

【预　防】

（1）加强饲养管理，平时日粮钙磷比为 1～1.5∶1。

（2）产前 2～3 周减少精饲料的量，特是钙的量。

（3）分娩前后的几天内，可增加钙的量。

（4）分娩后立即饮多量的温盐水，且立即注射维生素 D_2 或维丁胶性钙。饲料中增加一定量的硫酸镁也可预防。

（5）分娩后不要急于挤奶。如乳房正常可在产犊后 3～4 小时进行初次挤奶，但不能挤净，只挤出乳房内乳量的 1/3～1/2。以后每次挤出的奶量可逐渐增加，到产后第 3 天可完全挤净。

发病后及时治疗，加强护理，保温，多垫褥草，多翻转牛体，或在病牛两侧垫草、沙袋等，使其能够伏卧，不要让其躺卧，以免瘤胃臌气。

四、母牛倒地不起综合征

母牛倒地不起综合征是泌乳母牛分娩前后发生的一种以倒地不起为特征的临床综合征。如从分娩后 72 小时以内卧地不能起立，在各器官或各部位未见特殊的变化，6～12 小时之间，通过静脉注射 2 次钙剂仍不能起立的爬窝牛，都属于该病的范畴。

【病　因】　具体的病因尚不十分清楚，据推测可能有以下原因：生产瘫痪诊疗延误或没有完全治愈，或因存在代谢性并发症而后倒地不起；分娩造成骨盆周围的肌肉和神经损伤；胎儿过大，粗暴助产，分娩后在起立时或在牛床上蹬滑，以及四肢肌肉和神经的损伤等。无论什么原因，只要病牛倒地不起状态持续 4～6 小时以上，就会因自身体重的重压引起臀部或四肢各个部位的肌肉和神经的外伤性损伤，尤其是高产而体形较大的牛，其病变程度更加严重。由于病牛不能自动翻转身体，短时间内就可以使坐骨区肌肉发生坏死。大腿内侧肌肉、髋关节周围组织和闭孔肌亦可发生严重损伤，后肢肌肉损伤常伴有坐骨神经和闭孔神经的压迫性损伤及四肢浅层神经的麻痹。过度的肥胖是诱发本病的主要原因。在干乳期给予高能量饲料，引起肝脏的脂肪变性和肾脏等实质器官的脂肪沉着，造成这些器官的功能障碍，可诱发本病。

【临床症状】　病牛反复挣扎而不能起立，精神基本正常，稍有食欲和饮欲，体温正常，呼吸和心率也少有变化。不食的母牛可伴有轻度至中度的酮尿。卧地日久的母牛可有明显的褥疮。有些病牛精神状态正常，前肢跪地，后肢半屈曲或向后伸，呈"青蛙腿"姿势，匍匐"爬行"。有些病牛常喜侧身躺卧，头弯向后方，人工给予纠正后很快又恢复原状。严重病例，一旦侧卧，就出现感觉过敏和四肢强直及搐搦。

【诊　断】　本病诊断较困难。要首先确定产后瘫痪与母牛卧地不起综合征的关系。检验血清钙、磷、镁、钾，同时对后肢肌肉、骨骼、神经进行系统检查，查出病因。最后采取治疗性诊断。

【防　治】 本病一旦发病很难治愈，应以预防为主。注意以下几点：①每日尽量让牛进行日光浴和运动；②防止牛过度肥胖；③在分娩前20天左右要给予含钙量低的饲料；④分娩前2～8天每日肌内注射维生素 D_3 1 000 万单位；⑤避免粗暴的助产；⑥分娩后内服磷酸钙200克；⑦每日供应充足饮水，分娩后不能过分地挤奶，不能过多地喂给精饲料。

当出现倒地不起的病牛时，不管病牛在何处都要将其放到铺有大量褥草、宽敞的地方，以便于其自由活动；每隔4～6小时为其翻身1次，每次都要对压在下面的部位进行按摩，以防止发生褥疮和血液循环障碍；另外要每日进行一次验证，激励病牛看其能不能通过自身站起来，如果病牛有可能站起来，可以用吊带帮助其站立，但是不能勉强；经过7天以上不能起立和排肌红蛋白尿的病牛，往往预后不良，应该予以淘汰处理。

发病初期静脉注射2次10%葡萄糖酸钙（每次500～1 000毫升，具体视牛体大小而定）还不能起立的病牛，要立刻静脉注射20%磷酸二氢钠300毫升；怀疑低血钾症时，则以10%氯化钾溶液100毫升加入20%葡萄糖溶液1 000毫升中静脉注射。

五、低磷血症

低磷血症，又称低磷酸盐血症，是因循环血液中磷酸盐浓度低于正常而引起的磷代谢紊乱。本病多发生于每年的3～10月份，尤其是在冬春两季气候恶劣变化的情况下更易发生。患病牛中以妊娠后期或产奶量较高的多发，空怀母牛或产奶量低的少发；饲养管理不善或饲料搭配不当的多发；体弱多病的牛有时也发生。

【临床症状】

1. 骨软症型 病牛精神不振，食欲减退或废绝，体温一般正常，日渐消瘦，腰脊柱僵硬，四肢关节肿胀变形，四肢疼痛，跛行明显，颤抖，经常卧地，起卧困难，严重时卧地不起，易骨折。

2. 血红蛋白尿型 病初病牛体温正常或稍高，精神、食欲、反刍未见异常，突然排出红色、暗红色，甚至棕褐色的尿液，且排尿次数增多。尿潜血试验呈阳性反应，尿沉渣中未见红细胞。产奶量下降，随着病程的发展，贫血症状明显，可视黏膜苍白，食欲减退，呼吸浅表增数，心跳加快，颈静脉怒张。多数有全身症状，且死亡率较高。

3. 混合型 病牛兼有上述两种类型的症状。

【诊　断】 根据病史调查、临床症状及血清无机磷的测定值可确诊。用磷钼酸法测定牛血清无机磷含量（健康牛正常血清无机磷参考值为 3.2～8.4 毫克 /100 毫升 ）。

【治　疗】 以保温、补磷为治疗原则。首先及时纠正不合理的饲养管理方法，饲喂含磷较高的饲料，适当加入磷酸盐类添加剂，调整日粮中的钙磷比例为 1～1.5∶1。

（1）日粮中添加骨粉 250 克，连用 7 天。

（2）20% 磷酸二氢钠注射液 300～500 毫升，静脉注射；或 3% 次磷酸钙注射液 1 000 毫升，静脉注射，每日 1 次，痊愈为止。

（3）维生素 A–D 5～10 克、维丁胶性钙 10～20 毫升，肌内注射，每日 1 次，治愈为止。

（4）中药疗法：

①益智地黄汤：益智仁 35 克，五味子 35 克，当归 35 克，熟地黄 35 克，肉桂 25 克，山萸肉 25 克，山药 25 克，党参 25 克，白术 25 克，丹皮 20 克，茯苓 20 克，泽泻 20 克，甘草 16 克。共研末，开水冲服。每日 1 剂，连用 3 天，用于骨软症型。

②五苓散加减：阿胶 35 克，仙鹤草 35 克，白术 40 克，白茯苓 40 克，猪苓 25 克，桂枝 25 克，益母草 30 克。地榆炭 30 克。共研末，开水冲服，每日 1 剂，连用 3 天，用于血红蛋白尿型。

六、母牛产后血红蛋白尿病

母牛产后血红蛋白尿病，是一种由磷缺乏而导致的营养代谢病，多发生于 3～6 胎的高产牛产后 1 个月左右泌乳量达高峰时，临床上以低磷酸盐血症、急性溶血性贫血和血红蛋白尿为特征。

【病　因】　无机磷是牛红细胞无氧酵解过程中的一个必需因子。缺磷时红细胞糖无氧酵解不能正常进行，三磷酸腺苷及磷酸甘油酸都减少。当红细胞 ATP 值降至正常的 15% 时，即变为球形红细胞，变形性降低易遭破坏而溶血，出现血红蛋白尿。

【临床症状】　患牛精神不振，不愿走动，四肢无力，鼻镜干燥，可视黏膜苍白，呈严重贫血状，反刍停止，无食欲，尿液呈红色或暗红色，颈静脉采血见血液稀薄如水样，黏滞性差，凝固性降低。红尿是本病最突出的临床特征，甚至是早期唯一的病征。最初 1～3 天尿液逐渐由淡红向红色、暗红色直至紫红色和棕褐色转变，以后又逐渐消退。病牛产奶量下降，但几乎所有的病牛体温、呼吸、食欲均无明显变化。随着病程进展，贫血加剧，可视黏膜及皮肤变为淡红色或苍白色，并黄染。

【诊　断】　根据临床症状及血磷检测，可做出初步诊断，通过补充磷制剂的治疗性诊断可确诊。

【治　疗】　采取以补磷为主的综合治疗措施。15% 磷酸二氢钠 1 000 毫升，10% 葡萄糖酸钙 500 毫升，氢化可的松 25 毫克，复方氯化钠 500 毫升，5% 葡萄糖 500 毫升，5% 碳酸氢钠 500 毫升，一次静脉注射，早晚各 1 次。

七、青草搐搦

青草搐搦又称低镁血搐搦，是在幼嫩的青草地或谷苗地放牧之后不久突发的一种低血镁症。临床上表现兴奋、背颈部及四肢震颤、眼球震颤及后躯强直性痉挛等神经症状。

【病　因】　病牛血镁浓度的下降原因与牧草中镁的含量下降有关。本病多发于低温多湿的初春和晚秋，特别是在早春放牧开始后的2～3周以内发生较多。春天的青草含镁量最低，而采食大量含钾的青草或小麦草能促使青草搐搦的发生。特别是阴雨之后迅速生长的青草和谷草中含镁、钙、钠离子及糖分都比较低，而含钾、磷离子则比较多。钾能影响瘤胃代谢，特别是对镁的吸收，因为钾是维持瘤胃和组织离子浓度的一种最适当的阳离子。有资料报道，饲草中蛋白质含量过高，钾含量相对高于钠，以及钙磷镁比例不平衡，都是发生本病的因子。近年来也有人认为本病具有遗传性。

【临床症状】　急性病例，常表现明显的神经症状，正在吃草时突然头向某一侧后方伸直侧弯，呈侧反张姿势，左右滚转，四肢震颤，摇摆，牙关紧闭，磨牙；眼球震颤，瞬膜突出，致遮盖整个眼球；耳竖立，尾肌和后肢呈强直性痉挛，然后可发展为全身阵发性痉挛，对刺激的反应增强，不久倒地，状如破伤风。病牛共同症状是步态蹒跚，吼叫，对触诊和声音过敏，耳竖立，眼球震颤，瞬膜突出，特别是鼻、上唇、腹部、四肢的肌肉震颤严重，并呈间歇性发作。个别病牛出现破伤风样的全身性强直性痉挛而倒地，头颈部向一侧的后方扭转，卧地不起。

【诊　断】　一般通过病史结合临床症状可做出初步诊断，确诊需测定血液中的血镁浓度，镁含量低于正常水平，血清镁值急剧下降至0.4～0.9毫克/100毫升，（正常值1.8～3.0毫克/100毫升）。血清钙值正常或稍微下降。

【治　疗】 补给镁和钙制剂极为有效。20% 葡萄糖酸钙注射液 500 毫升，20% 硫酸镁溶液 200～300 毫升，一次静脉注射。静脉注射镁盐时，一定要注意缓慢注射，防止心跳过速和呼吸衰竭的发生。

八、硒缺乏症

硒缺乏症是以硒缺乏造成的骨骼肌、心肌及肝脏变质性病变为基本特征的一种营养代谢病。鉴于硒缺乏症同维生素 E 缺乏在病因、病理、症状及防治等诸方面均存在着复杂而紧密的关联性，有人将两者合称硒 - 维生素 E 缺乏综合征。

【病　因】 硒是动物机体营养必需的微量元素。本病的病因就在于饲料硒含量不足。植物性饲料中的含硒量与土壤硒水平直接相关。土壤硒含量一般介于 0.1～2.0 毫克 / 千克之间，植物性饲料的适宜含硒为 0.1 毫克 / 千克。当土壤含硒量低于 0.5 毫克 / 千克，植物性饲料含硒量低于 0.05 毫克 / 千克时，便可引起牛发病。可见低硒土壤是本病的根本致病原因。此外，饲料中维生素 E 的含量及其他抗氧化物质、不饱和脂肪酸的含量也是重要的影响因素。

【临床症状】 犊牛表现为典型的白肌病症候群，病初表现僵拘和衰弱，随后麻痹，呼吸急迫，无力吃奶，消化紊乱，伴有顽固性腹泻，心率加快，心律不齐。发病犊牛一般是在 3～7 周龄，运动可促进病情加剧。

【剖　检】 肌肉变性程度不一致，轻者沿着肌纤维呈现白条纹，重者肌肉或肌群呈现一种带白色的或半煮熟样的外观。心肌、膈肌和骨骼肌通常都发生变性、坏死。

【诊　断】 根据基本症状群，结合特征性病理变化，参考病史及流行病学特点，可以确诊。

【防　治】 加强饲养管理，合理搭配饲料。在低硒地带饲养的牛或饲用由低硒地区运入的饲粮、饲料时，必须补硒。当前简便易行的方法是应用饲料硒添加剂，硒的添加量为 $0.1 \sim 0.2$ 毫克/千克。谷粒种子（如小麦）和豆科牧草（如苜蓿）是维生素 E 的良好来源。母牛泌乳期补充维生素 E 饲料可提高产奶量，一般日粮中 $\alpha-$ 生育酚不少于 1 克。

治疗用 0.1% 亚硒酸钠溶液，犊牛每次 5 毫升，成年牛每次 $15 \sim 20$ 毫升肌内注射，可收到良效。可根据病情，间隔 $1 \sim 2$ 天重复注射 $1 \sim 3$ 次。配合补给适量维生素 E，疗效更好。

九、维生素 A 缺乏症

本病是由于维生素 A 长期摄入不足或吸收障碍所引起的一种慢性营养缺乏病，以夜盲、干眼病、角膜角化、生长缓慢、繁殖功能障碍及惊厥为特征。

【病　因】 牛食入含维生素 A 原（胡萝卜素）的青草、胡萝卜、南瓜、玉米等之后，将胡萝卜素在肠黏膜细胞转换成维生素 A。维生素 A 的大部分和少量的胡萝卜素贮存于肝脏内，其余部分维生素 A 和胡萝卜素则贮存沉积在脂肪中，需要时被利用。

一般从春天到初夏的嫩青草中，无论是禾本科还是豆科的绿色部分中都含有大量的胡萝卜素。因此，在日粮中缺乏优质干草、青贮牧草和幼嫩植物，就会缺乏胡萝卜素。另外，如果母牛不缺乏维生素 A，其初乳中也含有大量维生素 A，所以让新生犊牛吃足初乳，维生素 A 就会被贮存于犊牛的肝脏中，以后不易出现维生素 A 缺乏症。但吃初乳不足，通过代用乳和人工乳让其早期断奶的犊牛，往往 $4 \sim 6$ 周出现维生素 A 缺乏症状。小龄育肥牛的干草食入量明显不足，且添加于配合饲料中的维生素 A 早已分解时，也易患维生素 A 缺乏症。另外，在种植牧草时大量施用氮肥，可导致牧草硝酸盐含量过高。而硝酸盐能抑制胡萝卜素转变成维生素 A。一旦发现可疑的牛或牛群，应立即调整饲料配方。

【临床症状】 典型的临床表现是夜盲、干眼病、失明和惊厥发作。干眼病仅见于犊牛，角膜和结膜干燥，角膜肥厚、浑浊。由于脑脊液压力升高，可见步样蹒跚，后肢无力，无目的乱窜，运动失调，惊厥。发作时牛突然昏倒，头颈和四肢伸直，两眼睁圆，眼球突出，呼吸急迫。母牛不孕，犊牛先天性缺陷。

【诊　断】 当出现群体性失明、神经症状和生长受阻时，可做出初步诊断。测定牛血浆中维生素 A 的水平低于 60 单位 /100 毫升，即可确诊。

【治　疗】 日粮中补充富含维生素 A 及维生素 A 原的饲料，如胡萝卜、玉米及三叶草等青绿饲料。当该病发生时，全群牛立即注射维生素 A（440 单位 / 千克体重）数日，并在日粮中供给足够的维生素 A（40 单位 / 千克体重）。也可以肌内注射维生素 AD 20 万～225 万单位，每天 1 次，连用 7 天。

第八章
中毒性疾病

一、亚硝酸盐中毒

亚硝酸盐中毒是由于采食富含硝酸盐的饲草与饲料所引起的中毒性疾病，其临床特征是急性贫血性缺氧综合征。临床上以可视黏膜发绀、呼吸困难为特征。

【病　因】　牛在短时间内采食了大量含硝酸盐的饲料，在瘤胃内微生物的作用下，硝酸盐产生大量的亚硝酸盐，这些亚硝酸盐被胃壁吸收后，作用于红细胞的血红蛋白，生成大量的高铁血红蛋白与氧气结合很牢固，血红蛋白失去了携氧的功能，导致组织急性缺氧，使病牛出现严重的呼吸困难症状，在短期内迅速死亡。萝卜叶、白菜、萝卜、甜菜、芜菁、油菜、燕麦、多花黑麦草、黑麦、马铃薯等饲料含有大量硝酸盐。凡能促进硝酸盐生成和吸收的因素（如过量施用氮肥、土地肥沃、未发酵好的粪肥等），以及凡能妨碍硝酸盐利用和蛋白质同化过程的因素（如光照不足、气候突变、除草剂喷洒、矿物质缺乏等），都会使植物中的硝酸盐含量增高。

【临床症状】　连续多日给予含大量硝酸盐的饲料时，病牛发病急，但其症状因采食量和牛体健康程度而有差异。通常牛在采食饲草料后无任何临床表现，突然中毒，或急性死亡。病初表现精神沉郁，反刍停止，食欲废绝，乳房和乳头逐渐变为白色，流涎，咬牙，下痢，体温正常或降低。继而出现眼结膜、唇、舌和外阴部黏膜等发绀，出现心音亢进、呼吸困难、呕吐、腹痛、腹泻、步态蹒跚和抽搐等症状。病牛卧地不久，经 1～2 小时即死亡。血液呈巧克力色，凝固不良。

【诊　断】　根据黏膜发绀、呼吸高度困难、血液呈巧克力色等特征性症状，发病突然、群体性、采食含大量硝酸盐的青绿饲料等发病特点，可做出初步诊断。确诊需做变性血红蛋白检查和亚硝酸盐检验。

【治　疗】　治疗的关键是尽早确诊，尽早实施特效解毒疗法，及时对症治疗。

（1）1% 美蓝溶液，0.8 毫升 / 千克体重，静脉注射。

（2）甲苯胺蓝 5 毫克 / 千克体重，配成 5% 溶液，静脉注射，也可肌内或腹腔注射，其疗效优于美蓝。

（3）按照常规的解毒方法进行护肝、强心、补液等对症治疗。如出现休克状态，应及时给予兴奋剂。

二、有机磷农药中毒

有机磷农药是近代农业上应用最广泛的杀虫剂之一。所有有机磷农药，除用于农业杀虫外，有时尚用于杀灭家畜体虱、驱除蚊蝇、治疗疥螨或胃肠道线虫病。因此若使用不合理，或污染饲草、饮水，都可引起牛的中毒。

【临床症状】　病牛突然发病，表现不安，食欲反刍停止，一般体温不升高，流涎，磨牙，呻吟，口角有白色泡沫，流泪，流鼻涕，结膜发绀，瞳孔缩小，眼球震颤，视力减弱或消失，皮肤及末梢发凉，肠音亢进，排粪次数增多或腹泻，排出带血稀便。很多病例出现狂躁不安、共济失调、肌肉痉挛及震颤、心跳加快、呼吸困难、气喘等症状。重症病例多继发肺水肿或呼吸衰竭而于发病当天死亡。

【诊　断】　根据病史调查和临床症状可初步做出诊断，确诊应取可疑食物、饮水、胃内容物做毒物分析。

【治　疗】　可选择以下药物：阿托品，0.25 毫克 / 千克体重，1/3 剂量制成 2% 溶液，缓慢静脉注射，其余量肌内注射，如果症状再次出现，可每间隔 4～5 小时重复注射，持续 48 小时以上。解磷定，50～100 毫克 / 千克体重，一次静脉注射。双解磷，10～20 毫克 / 千克体重，皮下或腹腔注射。双复磷，首次剂量3～6 克，肌内或静脉注射，以后每 2 小时注射 1 次，剂量减半。

三、黄曲霉毒素中毒

黄曲霉毒素中毒，是因牛长期或大量摄食经黄曲霉、寄生曲霉污染的饲料所致的中毒性疾病。临床特征是消化功能紊乱、神经症状和流产；剖解见肝脏变性、坏死和纤维化硬变。

【病　因】　本病的发生是因牛长期或大量摄食经黄曲霉、寄生曲霉污染的饲料，如干花生秧、玉米粉、谷类、豆类及其饼类、棉籽粉、酒糟等所致。

【临床症状】

1. 急性中毒　病牛食欲废绝，精神沉郁，拱背，惊厥，磨牙，转圈运动，站立不稳，易摔倒，黏膜黄染，结膜炎甚至失明，对光反射敏感，下颌处水肿，腹泻严重，虚脱，可在 48 小时内死亡。

2. 慢性中毒　病牛表现前胃迟缓，精神沉郁，采食量减少，产奶量下降，黄疸；妊娠牛流产，排出足月的死胎，或早产；犊牛生长缓慢，食欲不振，腹泻，消瘦。

【诊　断】　根据采食霉变饲料的病史、发病情况和临床症状，可初步做出诊断，而确诊需测定饲料中黄曲霉毒素。

【防　治】　预防本病的根本措施就是防止玉米等饲料发霉。

本病目前尚无特效疗法。当怀疑为黄曲霉毒素中毒时，整个牛场必须立刻停喂现有饲料。轻型病牛通常只要加强护理，一般可在短期内恢复，对健康无碍。对于重症中毒牛，应及时投服盐类泻剂，以促进排毒，此外还应使用一些保肝、解毒和止血药物，如10%葡萄糖酸钙注射液500～1 000毫升；或25%葡萄糖注射液加维生素C制剂，一次性静脉注射。对于心力衰竭病牛，可皮下或肌内注射强心剂。为了控制或避免继发感染，应酌情使用抗生素，如青霉素、链霉素等，但不能应用磺胺类药物。肌内注射土霉素有一定疗效，每千克体重10毫克，每日1～2次，连用5天。也可口服活性炭，以吸附肠道内毒素。

四、霉败草木樨中毒

霉败草木樨中含有有毒成分双香豆素，双香豆素的主要毒性是能导致凝血障碍，造成各组织器官的出血，还能扩张毛细血管并增加血管的渗透性，所以也可能是加剧出血素质的一个重要因素。

【临床症状】　病牛初期表现鼻衄和排柏油样粪便，随后可见多处皮下及关节周围出血，形成大小不等的波动性血肿。血肿多发于颌下间隙、眼眶、肩部、胸壁、髂骨结节、跗关节等易受损伤的部位。关节腔出血可引起严重的跛行，甚至卧地不起。病牛常在卡车转运途中因大量出血而死亡。妊娠后期的母牛采食霉败草木樨，所生犊牛常因急性内出血而于数日内突然死亡。另外还有各器官组织的自发性大面积出血，以及创伤、手术、分娩后流血不止等临床特征。

【诊　断】　根据连续饲喂2周以上霉败草木樨的病史、病牛突然出现严重出血的临床特征可做出初步诊断。确诊需做血液及饲料检样中双香豆素含量测定及使用维生素K做治疗性诊断。

【治　疗】　立即停止饲喂霉败草木樨干草或青贮，一般在1周之后就不再出现新发病例。与此同时要大量补给维生素K。维

生素 K_1，1毫克/千克体重，静脉或肌内注射，每天2～3次，连用2天。恢复期病牛，可按5毫克/千克体重内服维生素 K_3，连用7～10天。重症病牛，出血明显伴有贫血症状时，应立即实施输血疗法。输血后可在数小时内制止出血并使凝血酶原作用恢复正常。

五、蕨中毒

蕨中毒是指牛在短期内采食大量蕨所发生的一种以骨髓损害和再生障碍性贫血为病理和临床特征的急性致死性综合征。

【病因】 本病的发生是由于牛采食了大量干燥的蕨而发病，在蕨生长茂盛地区放牧及舍饲牛的饲料中混入了蕨也可导致发病。据有关资料报道，连日给予牛相当于体重1%的新鲜蕨后，大约30天内可引起发病，其中最快的1周左右发病。目前有许多学者对蕨的采食量与发病的天数意见不一致，主要是由于蕨的新鲜度（半干、全干）及收割后经过的天数不同和放牧、舍饲及患牛年龄的不同而有不同的结果。在放牧季节、梅雨季节容易发生，特别是在8～10月份发生较集中，而且发病症状较重；而采食了含有蕨的干草时，需要很长时间才能发病。牛少量长期采食蕨之后，最终发生膀胱肿瘤，导致以间歇性血尿为特征的慢性中毒。由于蕨侵害骨髓，使骨髓造血功能降低，导致不能生成血液的主要成分和血液凝固不全。

【临床症状】 病初患牛精神沉郁，食欲减退，消瘦虚弱，眼睑和外阴部出现水肿和小的点状出血，不久齿龈、鼻、口和阴道等部位的黏膜出现出血斑，严重时在上述部位出现溃疡。病情急剧恶化时，体温突然升高至40～42℃，个别达43℃，食欲减退或废绝，瘤胃蠕动减弱或消失。大量流涎，腹痛表现明显，频频努责，狂暴不安。排少量稀软带血的糊状便甚至血凝块。眼结膜及其他可视黏膜有斑点状出血。贫血及黄染为本病重要的临床特征。

【病理变化】　病死牛尸僵完全，血液凝固不良，有大量的腹水，心包积液，胸水、关节囊液渗出，呈微红色，切开腕关节有大量液体流出；胃内有蕨残留物，胃肠黏膜有点状出血，真胃严重出血和溃疡；皮下、脂肪、结缔组织、肌肉、黏膜、浆膜以及肝脏、肾脏、心脏、脾脏有点状、带状、块状出血、淤血和血肿；脑膜充血，脉络丛网呈红色；膀胱肿大，并有出血点，有的出现膀胱肿瘤。

【诊　断】　根据蕨接触史以及典型的临床症状、病理变化，容易做出诊断。

【防　治】　首先应当加强饲养管理，尽量避免到蕨生长茂密的牧地上放牧；其次是配合牧地改良，控制蕨的生长。当发现牛群中毒时，应立即停止采食蕨类植物，并及时治疗。

本病目前尚没有特效解毒药，主要采取对症疗法：维生素B_1 150 毫克，维生素 C 50 克，维生素 B_{12} 0.25 毫克，磷酸氢钙 120 克，混合灌服，每天 1 次，连服 2～3 天。静脉注射"409"代血浆 1 000～1 500 毫升；肌内注射 10% 安钠咖 20～30 毫升；皮下注射 1% 硫酸阿托品 20～30 毫升，每天 1 次，连用 2～3 天。内服硫酸钠 50～100 克，硫酸铜 1～2 克，以尽快排除胃内有毒物质。为防继发感染，可选用广谱抗菌类药物和磺胺类药物。采用以上综合疗法，中毒症状轻的一般 1～2 天痊愈，重的 3～5 康复。

中药治疗：秦艽 30 克，炒蒲黄 30 克，瞿麦 30 克，车前子 30 克，天花粉 30 克，黄芩 30 克，半枝莲 30 克，金银花 30 克，白花蛇舌草 20 克，红花 20 克，当归 20 克，白芍 20 克，栀子 20 克，淡竹叶 20 克，甘草 40 克，混合煎水，煮沸 10～15 分后再加大黄 100 克，混合煎熬 5～10 分即可，冷却到 35～38℃灌服。以上为 1 天用药量，每天分 2 次服用，每次灌服 1 500～2 000 毫升，连用 2～3 天。

六、杀鼠灵中毒

牛杀鼠灵中毒主要是误食混在饲料中的灭鼠毒饵所致，极少数是由于人为的投毒所引起。

【临床症状】

1. 急性 可因心包腔、纵隔、脑或胸腹腔内出血，无任何前驱症状即告死亡。

2. 亚急性 常见症状是组织器官大面积出血，吐血、便血和鼻衄，广泛皮下血肿。由于重剧出血，导致可视黏膜苍白，心律失常，呼吸困难，步态蹒跚，卧地不起。脑、脊髓以及硬膜下腔出血，则出现痉挛、共济失调、昏迷等神经症状而急性死亡。

【诊　断】 根据患牛有和灭鼠毒饵的接触史、组织器官大面积出血特征性临床症状，可做出初步诊断。

【治　疗】 治疗原则是消除凝血障碍、纠正低血容量及调整血管外血液蓄积所造成的器官功能紊乱。

维生素 K_1 150～200 毫克，混合于葡萄糖液内静脉注射，每隔 12 小时 1 次，连用 2～3 次即可出现明显效果。同时口服维生素 K_3 20～40 毫克，连用 3～5 天，以巩固疗效。对出血严重的病例应输血治疗，10～20 毫升/千克体重，半量迅速静脉注射，半量缓慢静脉滴注。

七、霉稻草中毒

霉稻草中毒是因牛采食了发霉的稻草或苇状羊茅草而发生。临床表现以跛行、蹄、腿肿胀、溃烂，甚至蹄匣脱落为特征。

【临床症状】 病牛精神沉郁，拱背站立，被毛粗乱，皮肤干燥，个别出现鼻黏膜烂斑。体温、脉搏、呼吸等全身症状轻微或没有变化。症状集中表现于耳、尾、肢端等末梢部。初表现跛行，站立时频频提举四肢尤其是后肢，行走时步态僵硬。蹄冠部肿胀、温热、疼痛；数日后肿胀蔓延至腕关节或跗关节，跛行加重；继而肿胀部皮肤变凉，表面渗出黄白色或黄红色液体，并破溃、出血、化脓或坏死；严重的蹄匣或趾（指）关节脱落。

【诊 断】 根据病史调查和临床症状，可做出初步诊断。确诊需采集霉稻草，进行病原真菌培养、分离和鉴定。

【治 疗】

1. 消炎止痛 先用 0.1% 高锰酸钾、3% 过氧化氢冲洗患部，再涂上红霉素软膏，然后用绷带包裹。3 天后再用 1 次药。

2. 排除毒物 硫酸镁 1 000 克，溶于水 5 000 毫升，一次灌服。

3. 解毒、促进反刍、防止酸中毒 10% 葡萄糖溶液 2 000 毫升，维生素 C 60 毫升，10% 安钠咖溶液 30 毫升，5% 碳酸氢钠溶液 500 毫升，一次静脉注射，连用 3 天。

4. 中药治疗 甘草 30 克，白矾 40 克，白芷 40 克，郁金 40 克，黄连 40 克，龙胆 40 克，贝母 45 克，芒硝 80 克，大黄 100 克，水煎，候温一次灌服。

八、尿素中毒

由于尿素饲喂过量或饲喂方法不当，致使瘤胃内氨释放量过多，血氨过高而引起中毒。临床特征是呼吸困难和强直性痉挛。

【病 因】 在肉牛的育肥饲养过程中，可使用尿素或氨化饲料育肥，但是如果日粮中添加过多的尿素，或添加适量但混合不均匀，或尿素保管不善与饲料相混，都会引起尿素中毒。

【临床症状】 多为急性。常在采食后 1 小时内发生，在中毒后几小时内死亡。中毒牛表现过度流涎，且有泡沫，呼吸困难，慢而深，可视黏膜发绀，脉搏 116 次 / 分以上，昏迷，无针刺反应，共济失调，衰弱，肌肉震颤，偶有前肢麻痹，瘤胃臌气，有时发生严重的搐搦或士的宁中毒样惊厥。

【诊　断】　根据临床表现，如呼吸困难和强直性痉挛及病史可做出初步诊断。确诊需实验室检验。血氨浓度超过正常值，严重者达 8 毫克 /100 毫升（正常牛为 0.2～0.6 毫克 /100 毫升）。

【治　疗】　肉牛饲喂尿素快速育肥的时候，应当先将尿素溶于少量水中，然后喷洒到干草上饲喂，千万不可将尿素或尿素水单独饲喂，否则极易引起中毒。

对病牛先放血 200～300 毫升，然后立即一次静脉注射 5% 葡萄糖生理盐水 2 000～3 000 毫升，维生素 C 100 毫升，10% 樟脑磺酸钠溶液 20 毫升；随后灌服食醋 1～1.5 千克中和瘤胃内的氨。同时进行瘤胃穿刺放气和洗胃。

九、氢氰酸中毒

一般由于牛采食大量高粱苗引起，特别是高粱收割后的再生苗。此外，玉米叶、三叶草、亚麻籽也可在食后发生氢氰酸中毒。

【临床症状】　本病特征是动脉、静脉血液均呈现朱漆般鲜艳的红色，并易形成泡沫。中毒牛约在大量采食后半小时内表现不安，呼吸加快，黏膜发红，体温下降；很快转为精神沉郁，心跳无力，步态摇晃，痉挛，倒地，嗜睡，皮肤感觉迟钝，常做间断的挣扎和骚动；最后脉搏徐缓，瞳孔散大，体温显著下降，张口呼吸，直到呼吸停止死亡。

【诊　断】　根据病牛呼出气体有苦杏仁味等特征性临床症状，结合饲喂史可做出初步诊断。采取胃内容物进行实验室检查可以确诊。

【治　疗】　立即清洗胃肠，阻止胃肠内毒物继续吸收，并进行如下处理：颈静脉注射 4% 亚硝酸钠溶液 50 毫升，紧接着用硫代硫酸钠 20～30 克溶解于 200 毫升灭菌蒸馏水中，静脉注射。

1 小时后，重复注射上述硫代硫酸钠 1 次。再用 5% 葡萄糖溶液 1 000 毫升，25% 葡萄糖溶液 500 毫升，10% 安钠咖注射液 20 毫升，一次静脉注射。30% 安乃近注射液 30 毫升，庆大霉素注射液 25 毫升，一次肌内注射。排出毒物可用 0.05% 高锰酸钾溶液 20 000 毫升洗胃，直至洗出液无苦杏仁味为止。

十、铜 中 毒

铜中毒是由于一时性摄食大量或长期持续地摄食少量的铜盐所致病。临床特征是严重胃肠炎、黄疸、血红蛋白尿、虚脱和休克。病程短，致死率约达 100%。

【病　因】　急性铜中毒大多是因为误食大剂量可溶性铜而引起的事故，如将牛放牧到刚喷洒过含铜药物不久的草地，或不慎给牛饮用了含铜浓度较大的饮水等。慢性铜中毒一般是因区域性土壤中铜含量过高或环境污染，所生长的牧草或饲料中铜含量偏高而引起。

【临床症状】　急性铜中毒病畜表现明显腹痛，腹泻，惨叫，频频排出稀水样粪便，黄疸，消瘦，排淡红色或褐红色尿液。慢性中毒病畜表现烦渴，呼吸困难，卧地不起。血液色淡稀薄，血红蛋白浓度降低至 52 克/升，可视黏膜黄染。

【病理变化】　多数急性中毒病例主要表现严重的胃肠变化，胃底黏膜严重出血、溃疡、糜烂，甚至坏死；十二指肠、空肠、回肠、结肠黏膜坏死、脱落，十二指肠前段多覆盖一层黑绿色薄膜，大肠充满栗状粪便，回肠、盲肠基部有蜂窝状溃疡。慢性中毒病例表现黄疸，肝脏显著肿胀、出血，肝脂肪变性；肾肿大、充血，皮质有出血斑点；心肌呈纤维性病变；脾脏肿大，呈紫黑色；肺部水肿；血液色淡、稀薄；肌肉色变淡。

【诊　断】　根据病史调查、饲料中铜含量测定、临床症状（胃内容物和粪便呈蓝绿色等），可初步做出诊断。

实验室诊断：血、肝、肾铜水平升高，血铜由正常水平的 100 微克 / 100 毫升升高到 500～1 000 微克 / 100 毫升，肝铜由正常水平的 350 毫克 / 千克（干物质重）升高到 2 000 毫克 / 千克，肾铜升高到 25.0 毫克 / 千克（干物质重），死后肾脏呈蓝黑色。

【治　疗】

（1）除去中毒源，降低日粮中铜或添加钼以降低铜钼比，日粮中加入 3 克钼酸钠和 5 克硫代硫酸钠，连用 2 周，然后逐渐减少，共服用 1～2 个月。

（2）中毒牛口服钼酸胺 50～100 毫克 / 头·天和硫代硫酸钠 0.3～1.0 克 / 头·天，连用 3 天。解毒剂有二巯基丙醇注射液，2.5～5.0 毫克 / 千克体重，一次肌内注射；或依地酸钙钠 3～6 克，用生理盐水稀释成 0.25%～0.5% 溶液，缓慢静脉注射。

十一、汞 中 毒

汞中毒主要是牛误食经有机汞农药处理过的种子，或沾染有机汞农药的饲料和饮水引起的急性中毒。

【临床症状】　中毒牛主要表现流涎、腹痛、腹泻等胃肠炎症状。因吸入汞蒸气而发病则主要表现咳嗽、流泪、流鼻液、呼出气体恶臭、呼吸促迫或困难。

【诊　断】　根据临床症状，结合接触汞剂的病史，可做出初步诊断。

【治　疗】　急性中毒者可用 5% 二巯基丙磺酸钠注射液，5～8 毫克 / 千克体重，肌内或静脉注射，首日 3～4 次，次日 2～3 次，3～7 日各 1～2 次，停药数日后再进行下一疗程。

慢性中毒者驱汞常需 1 个月左右。可用 5% 二巯基丙磺酸钠注射液，5 毫克 / 千克体重，缓缓静脉注射，每天 1～2 次，3 天为一疗程，停药 4 天后再进行下一疗程，一般需要 3～5 个疗程。

十二、砷 中 毒

本病是由于牛误食含砷农药处理过的种子，喷洒过的青草、蔬菜及其他农作物，含砷的灭鼠毒饵，或舐舔了含砷制剂的外用药，铁矿和铜矿流出的废水和气体污染的饲草和饮水，引起中毒。

【临床症状】　中毒牛临床上表现重剧的胃肠炎和腹膜炎。病畜呻吟，流涎，呕吐，腹痛不安，胃肠臌气，并很快出现重剧的腹泻，粪便恶臭，混有黏液、血液及假膜，有时排血尿或血红蛋白尿。触诊瘤胃、网胃和真胃时表现疼痛。急性中毒常见于犊牛，主要表现呼吸困难，黏膜发绀，脉搏细数，运动失调，臌气等症状。

【诊　断】　根据消化系统紊乱为主、神经障碍运动失调为辅的综合征，结合接触砷毒的病史可做出初步诊断，必要时可采取饲料、饮水、乳汁、尿液、被毛、肝、肾、胃、肠等送检。

【治　疗】

（1）应用特效解毒药二巯基丙醇注射液，首次剂量为 5 毫克/千克体重，肌内注射，以后每隔 4 小时注射 1 次，剂量减半，直至痊愈。

（2）内服鸡蛋清 5～10 枚或豆浆 1 000～2 000 毫升，以保护胃肠黏膜，减缓毒物吸收。

（3）重症者用 0.1% 高锰酸钾液 20 000 毫升洗胃。同时给予 5% 糖盐水 2 000～3 000 毫升，一次静脉注射。

（4）中药治疗：防风 200 克，绿豆 250 克，甘草 200 克，共研细末冲水内服；或用绿豆磨浆混合防风、甘草细末内服。

十三、铅 中 毒

由于牛误食含铅的油漆，以及被农药砷酸铅、炼铅厂和采铅车间流出的废水和气体污染的饲草和饮水，引起铅中毒。

【临床症状】 临床上有急性和亚急性 2 种病程类型。前者多见于犊牛，后者多见于成年牛。亚急性铅中毒，除急性中毒的神经症状外，胃肠炎症状更为突出。病牛大多极度沉郁，长时呆立，不食不饮，前胃弛缓，腹痛，便秘而后腹泻，排恶臭的稀粪，病程 3～5 天。

【诊 断】 根据临床症状，如体温不高、有神经症状、失明、死后瞳孔缩小等，病史和剖检变化进行初步诊断，确诊需测定死亡动物肝、肾组织中铅含量，超过 10 毫克/千克（湿重）则确诊。

【治 疗】

（1）依地酸钙钠，60 毫克/千克体重，维生素 B_1 2 毫克/千克体重，静脉注射，每日 2 次，连续 3～5 天，重症牛间隔 4 天再重复治疗 1 次；10% 硫酸镁液 1 000 毫升，一次内服，加速体内铅的排泄。

（2）有神经症状者可用水合氯醛 10～25 克，配成 1%～3% 溶液，一次内服。同时辅以 5～10 毫克安定注射液，肌内注射。

十四、钼 中 毒

由于牛长期采食含钼过高的饲料导致中毒，并继发低铜症。

【病 因】 本病是由于高钼土壤，或者在钼矿及其冶炼厂附近地区，由于排放含钼废水的污染，形成高钼土壤，生产高钼饲料，被牛采食而引起中毒。钼在体内会干扰铜的吸收，进而导致继发性铜缺乏症，其症状几乎与铜缺乏症一致。

【临床症状】 最早出现的症状是腹泻，粪便呈粥样或水样，混有气泡。此外还表现被毛褪色。腹泻后约 30 天，黑色被毛就变成灰白，黄色被毛变成棕色。通常先发生于眼周围，外观似戴白框眼镜；严重时波及全身。发红的皮肤常指压褪色。

【诊　断】　在本病流行区，根据持续性腹泻、消瘦、贫血、被毛褪色、皮肤发红等临床症状，脱离污染区自行痊愈等发病规律，可以做出初步诊断。采用硫酸铜治疗有效，即可确诊。

【防　治】　首先脱离高钼环境，高钼饲草晒干再利用也有一定预防效果。

中毒牛给予硫酸铜 2.5 克 / 千克体重，溶于水内服，每天 1 次，连用 3 天。因铜和钼互相有拮抗作用，钼中毒，导致生理性铜不足，用硫酸铜治疗钼中毒效果甚佳，但应慎重，否则过量可能引起铜中毒。

十五、毒蛇咬伤

蛇毒的生物学功能主要是帮助蛇本身捕食和消化食物，其有毒成分主要是神经毒素、心脏毒素、细胞毒素、出血毒素、促凝、抗凝组分和一些酶等，各含多少或有无，随蛇种而异。

1. 神经毒素　这类毒素具有神经肌肉传导阻滞作用，引起横纹肌弛缓性瘫痪，可导致呼吸肌麻痹，是临床上主要致死原因。神经毒素主要存在银环蛇、金环蛇的毒液中，眼镜蛇、蝮蛇亦含有此毒素。

2. 抗凝血及促凝血毒素　两者常同时存在，见于蝰亚科、蝮亚科、眼镜蛇科中的某些蛇毒，如蝰蛇、五步蛇及眼镜王蛇蛇毒中均有这些组分。①抗凝组分：包括抗凝血活酶作用和纤维蛋白溶解作用。蝮蛇毒、五步蛇毒具有这两种作用，眼镜王蛇毒中也含有抗凝血活酶作用的物质，因而出现抗凝性。②促凝组分：亦有两种作用的物质。

3. 血循毒素　主要存在于五步蛇、蝰蛇、竹叶青蛇等蛇毒中，眼镜蛇、蝮蛇亦含有此毒素。血循毒素的种类很多，成分亦十分复杂，主要包括影响心脏、血管及血液系统的成分，能产生多方面的毒性作用。其临床表现相当于中医的火热毒症状，故称

"火毒"。

此外，蛇毒中还含有的毒性酶不下 25 种。

【临床症状】 如果被蛇咬伤，首先要明确是否为毒蛇咬伤。齿痕是比较可靠的判断依据。无毒蛇齿痕多成排，且较浅；毒蛇齿痕呈两点或数点，且较深。毒蛇咬伤中毒发病急，致死率高，有的伤后几个小时就会危及生命。

1. 神经毒 伤口局部症状较轻，往往容易被忽视。伤后 1小时，全身症状出现，并迅速发展为呕吐、光反射消失，伴有发热、寒战；重者出现肢体瘫痪、休克、呼吸麻痹。

2. 血液循环中毒 局部疼痛剧烈，肿胀明显，并迅速向肢体近心端蔓延，伴有出血、局部坏死，全身反应有发热、心律紊乱甚至心力衰竭，便血、血尿，严重者可发生急性肾功能衰竭、休克等。

3. 混合毒素中毒 兼有前两者的特点，但各有侧重，如眼镜蛇以神经毒为主，血液循环毒为次；蝮蛇以血液毒为主，神经毒为次。

【治 疗】

（1）扩创伤口：做"十"字切口，便于毒液排出。

（2）清洗伤口：用清水、肥皂水、盐水或 1:5 000 高锰酸钾溶液反复冲洗伤口，再挤压伤口周围排出毒液，伤口用碘伏湿敷。

（3）针刺排毒：咬伤超过 24 小时局部肿胀严重时，可用针在肿胀下端，每隔 2～3 厘米刺一针孔，使毒汁从针眼流出，每日 2 次，连续 2～3 天。

（4）咬伤部周围可注射 1%～2% 高锰酸钾溶液，并用 0.25～0.5% 普鲁卡因液 100～200 毫升封闭。

（5）单价或多价抗蛇毒血清早期静脉注射常具有特效。

（6）中药治疗：

①蚤休根 21 克，青木香 60 克，徐长卿 60 克，半边莲 90 克，马齿苋 90 克。煎汤去渣，候温灌服。功能清热解毒。主治毒蛇

咬伤。

②半边莲 100 克，炒五灵脂 60 克，蚤休根 20 克，半枝莲 70 克，白花蛇舌草 70 克。水煎，加白酒 150 毫升灌服，每日 2 次。功能解毒消肿，化瘀止痛。主治血液毒素型毒蛇咬伤。

③半边莲 100 克，独角莲 60 克，徐长卿 50 克，马齿苋 150 克，紫花地丁 70 克。用法同上。功能解毒镇惊，消肿止痛。主治神经毒素型毒蛇咬伤。

④处理伤口同时，外用半边莲散（半边莲 50 克，雄黄 30 克，明矾 30 克，冰片 15 克，共研为末），白酒调糊涂患处，每日 2 次。

第九章
产科疾病

一、胎水过多

胎水过多是指尿水和（或）羊水过多，包括三种情况，即胎盘水肿、胎膜囊积水和胎儿积水。胎盘组织水肿及胎儿积水常由胎膜感染引起。

【病　因】 国外有报道称是由于隐性遗传因子引起发病，一般认为易发生于近亲繁殖；也发生于因妊娠软骨形成不全和腹裂等畸形胎儿；有的缘于子宫病变，胎盘形成的不完整或脐带捻转；也有的继发于维生素 A 缺乏症或布鲁氏菌病。

【临床症状】 发生于妊娠中后期，牛在妊娠后 5 个月左右，腹围明显增大，发展迅速，腹壁紧张下垂，腰背部下凹，严重时甚至可引起耻骨肌前界以及腹壁肌肉的撕裂，甚至形成子宫腹壁疝。推动腹壁可感到有液体存在，叩诊呈浊音。轻症病例胎水量增加到 40～80 升（分娩时的正常胎水量大约为 20 升），除腹围增大以外，无其他特殊临床表现。重症病例胎水量增加到 80～200 升，胎儿体重由于水肿而增加，腹围特别增大，与双胎妊娠相类似。因出现反刍停止、食欲下降、便秘等消化系统的症状，因此，往往被误诊为是瘤胃臌气、瘤胃积食、创伤性网胃炎等病症。另外，饮水量增加也是本病的一个特征。虽然体温正常，但脉搏次数增加，呼气时呻吟，起卧困难。病情严重的牛往往继发瘫痪。直检感到腹压升高，子宫壁变薄，其内液体波动明显，胎儿不易摸到，但子宫中动脉的特殊脉搏很清楚。

【诊　断】 根据临床症状和发病史，结合直肠检查的结果，可以确诊。

【治　疗】 轻症病例应给予易消化的饲料，加强营养，限制饮水，适当增加运动，等待分娩；重症病例应进行人工引产，以挽救母体。

在治疗上，对于轻症病例要进行对症治疗，采取强心利尿、消炎、镇痛、补液、健胃等综合疗法；对重症病例应尽快引产治疗，主要方法有注射前列腺素 $F_{2\alpha}$ 或肾上腺皮质激素，如地塞米松、氢化可的松，使其人工流产。病牛分娩后容易引起胎衣停滞，子宫肌肉的收缩力也很弱，成为无力子宫，容易并发严重的产褥性子宫炎，应对全身及子宫内连续数日给予抗生素药物；继发为瘫痪的重症病例预后不良，即使母体得救也容易继发败血性子宫炎，有可能丧失繁殖能力，所以除特别的高产牛外，应该考虑淘汰。

本病不适用腹壁穿刺排出胎水，可以试用剖腹产手术。术前 2 天用套管针放出部分胎水，防止脑贫血，然后施行剖腹产手术。

二、胎衣不下

母牛分娩后，胎衣在第三产程的正常时限内（12 小时）未能排出，就称胎衣不下或胎膜滞留。正常牛胎衣不下的发生率在 3%～12%，平均 7%，死亡率在 1%～4%。

【病　因】 ①产后子宫收缩无力。由于饲料单一，缺乏钙、硒、维生素，特别是维生素 A 和维生素 E，运动不足，体质过肥或过瘦，胎儿过大，子宫过度扩张继发产后阵缩无力，早产、难产、流产后子宫收缩无力。②产后犊牛不吮乳或挤奶过晚，由于垂体系统的刺激小，引起子宫收缩无力。③妊娠后期感染，如布鲁氏杆菌、结核杆菌、沙门氏菌、李氏杆菌、霉菌、弓形虫、病毒等。

【临床症状】

1. 全部胎衣不下 阴门外悬吊一部分胎衣，大部分胎衣和胎盘紧密连接。在 1～2 天内，胎衣腐败分解，从阴门排出恶臭的污红色液体及胎衣碎片。母畜精神不振，弓背、努责，食欲减退，泌乳减少，胎衣完全排出时间不等，有的需要 7～10 天，由于感染及腐败胎衣的刺激，会发生急性子宫内膜炎、子宫蓄脓或慢性子宫内膜炎等，严重时引起全身性败血症，表现出明显的全身症状，如体温升高，呼吸加快，脉搏加快，精神沉郁，食欲减退，瘤胃弛缓，腹泻，产奶量下降等。

2. 部分胎衣不下 不易发现，也可继发子宫内膜炎及全身感染。

【诊　断】 根据母牛产出胎儿后，经 12 小时以上胎衣未能全部排出者，即可确诊。

【治　疗】

1. 药物疗法

（1）促进子宫收缩，肌内注射催产素或皮下注射麦角新碱。

（2）子宫内投 5%～10% 温盐水 3～5 升。

（3）子宫内投放抗生素或全身应用抗生素。

2. 手术疗法 剥离胎衣。现在对是否剥离胎衣有争议，笔者建议如果好剥离才剥离，不易剥离则采用保守的药物疗法。

3. 中药疗法

（1）益母草 100～300 克，车前子 100～300 克，当归 60～90 克，川芎 15～30 克，党参 100～200 克，红花 30～60 克，炙甘草 90～120 克。水煎，取汁，加黄酒 250～300 毫升，候温灌服。每日 1 剂，连用 1～3 剂。功能补气活血，通经散瘀。本方主要用于牛气血两虚的胎衣不下。口色红、体温不高者，加桃仁、丹参；体温偏高、阴户不断流出暗红色腥臭液体者，易炙甘草为生甘草，另加生地、玄参等；口色淡白、拱背竖毛、肢寒体冷者，加炮姜、附子；食欲不振、舌白无力者，加苍术、厚朴、白术。

（2）桃仁 30 克，红花 20 克，京三棱 30 克，当归尾 30 克，龟板 60 克，赤芍 60 克，血余炭 15 克。煎汤去渣，候温加白酒 125 毫升灌服。功能活血补气，行滞去瘀。

（3）马鞭草 200 克，五色梅（马樱丹）200 克，红蓖麻 200 克，桃叶各 200 克。母牛体况好者以米醋 1～1.5 升为引，营养体况差者以米醋 200 毫升、黄糖 150 克为引。将上述草药茎叶捣烂，冲醋（或酒），拌糖，连药渣一并服用，对于超过 36 小时未排出胎衣的患牛，可结合西药疗法，每次肌内注射缩宫素（垂体后叶素）5～6 毫升，以加速胎衣的排出。

三、产后子宫内膜炎

产后子宫内膜炎为子宫内膜的急性炎症。常发生于分娩后的数天之内。如不及时治疗，引起子宫浆膜或子宫周围炎，也可能转变成慢性子宫内膜炎，引起长期不育。

【病　因】 分娩时卫生条件差，病原菌侵入子宫而引起；在难产助产时及剥离胎衣时，或子宫脱出等整复过程中，操作粗暴或消毒不严，引起子宫的损伤或感染；继发其他围产期疾病，如流产、难产、胎衣不下、早产、子宫积脓、产道损伤及子宫其他疾病，或产奶量过高，体质差引起；胎衣不下或恶露未能排尽时，腐败分解产物对子宫产生强烈刺激而导致子宫内膜炎；患有寄生虫病或传染病而引起，如布鲁氏菌病、结核杆菌病、沙门氏菌病、滴虫病等。

【临床症状】 急性发病初期，食欲减退，体温升高，精神沉郁，食欲下降，拱背努责，频频排尿，从阴道内流出黏液性或脓性分泌物，或棕红色或棕黄色有臭味的黏性、脓性分泌物，而且有腐败的组织碎片。病牛卧下时，有大量分泌物流出。直肠检查，可感到子宫角增大，似面团样，弹性降低，触诊牛有痛觉。阴道检查，可发现子宫颈外口肿胀、充血和稍开张，常附有分泌物，有恶臭味。重症病牛表现精神委顿，体温升高，食欲及反刍停止，从阴门排出污红或褐色、混有腐败组织碎块、恶臭的分泌物。

【病理变化】 剖检可见患病侧子宫角内膜呈弥散性出血、肿胀。

【诊 断】 根据临床症状可做出诊断。

【治 疗】 原则：抗菌消炎，促进炎性产物的排出和子宫功能的恢复。

（1）冲洗子宫：在体温不太高的情况下，用 0.05% 新洁尔灭、0.1% 高锰酸钾、0.1% 雷夫诺尔等冲洗子宫，在 7 天后转为慢性用 5%～10% 温盐水或 0.3% 高锰酸钾冲洗，若体温超过 40℃，不能冲洗子宫，直接投放药物于子宫内及全身用药。

（2）子宫内投放药物：①抗生素。常用的主要有土霉素、青霉素、四环素、金霉素、链霉素、新霉素、卡那霉素、庆大霉素、磺胺类和恩诺沙星等。②碘制剂。常用的有卢格氏液、碘甘油、吡咯烷酮碘水溶液等。③磺胺类。④鱼石脂 8～10 克，溶于 1 000 毫升蒸馏水中，每次子宫内灌入 100 毫升，一般 1～3 次即可。⑤0.5% 过氧化氢 50～100 毫升。⑥洗必泰栓剂（20 毫克）2～3 枚。⑦露它净 4 毫升，稀释于 96 毫升生理盐水。

（3）有全身症状者，应全身应用抗生素，连续 3～5 天。

（4）激素疗法：应用前列腺素类似物或催产素，促进子宫内炎性产物的排出。多数配合应用抗生素。

（5）中药治疗：

①净宫液：当归 10 克，川芎 10 克，黄芩 10 克，赤芍 5 克，白芍 5 克，白术 5 克，加水 300 毫升，煎汤，4 层纱布过滤去渣，

再用滤纸过滤 2 次，可得药液 100～150 毫升，煮沸备用。先用 40℃左右的 3% 硼砂溶液 500～1 000 毫升冲洗阴道和子宫，冲洗液导出后注入 40℃左右净宫液 1 剂，每日 1 次，连用 3～5 天。功能活血化瘀，清热止带。主治牛慢性子宫内膜炎。

②党参 50 克，黄芪 50 克，当归 30 克，桃仁 30 克，红花 30 克，丹参 50 克，益母草 70 克，鸡冠花 60 克，贯众 60 克，蒲公英 50 克，香附 40 克，血余炭 25 克。共研为末，1 日分 2 次内服，6 天为 1 个疗程。功能益气补血，化瘀通经。主治牛慢性子宫内膜炎。

③山药 90 克，生龙骨 50 克，生牡蛎 50 克，海螵蛸 25 克，茜草 30 克，苦参 30 克，黄柏 30 克，甘草 15 克。煎汤去渣，候温灌服。功能清热燥湿，止带。主治赤白带下、子宫内膜炎。

四、子宫内翻和脱出

子宫角前端翻入子宫腔或阴道内，称子宫内翻；子宫全部翻出于阴门之外，称子宫脱出。

【病　因】 产后强烈努责，产道损伤，胎衣不下等引起；子宫迟缓：母牛衰老、瘦弱，营养不良，运动不足，缺钙，胎儿过大等造成子宫迟缓；外力牵引，如部分胎衣悬挂牵引，或助产时拉出胎儿太猛太快。

【临床症状】

1. **子宫内翻** 外部症状不明显，仅见轻度不安、努责、举尾，食欲下降，反刍减少。阴道检查或直肠检查可发现内翻的子宫角套叠，同时子宫阔韧带也非常紧张。内翻往往易造成子宫颈坏死或败血性子宫炎。

2. **子宫脱出** 症状明显，一般是孕角脱出开始为鲜红色，几小时后发生淤血、水肿及污染等，变成暗红色肉冻状，极易损伤。

发生子宫脱出后、血管未破裂前，仅有稍微不安表现及排尿困难等，时久则体温升高，呼吸、脉搏增加，精神沉郁，如及时治疗，可基本痊愈；如果不及时治疗，很可能引起子宫损伤及炎症或坏死等。

【诊　断】　根据病史和临床症状，即可确诊。

【治　疗】　关键在于早发现、早治疗。方法是快速整复，具体操作过程如下：

1. 保定　使病牛呈前低后高站立姿势，有利于整复，同时补液、止血。

2. 清洗消毒　用 0.05% 新洁尔灭、0.1% 高锰酸钾、0.1% 雷夫诺尔等清洗干净后，彻底去除异物和坏死组织，大的伤口缝合，水肿严重者用 2% 明矾液冲洗。

3. 麻醉　后海穴注入 2% 普鲁卡因 10～15 毫升。

4. 整复　两侧两助手用消毒纱布将子宫抬高到坐骨水平线上，使子宫的压迫减轻而减少水肿后送入子宫。一种方法是从阴门逐渐向里送入，直到全部送入；另一种方法是用拳头顶住子宫角逐渐推入，送入后应彻底将子宫复位，然后放入抗菌消炎药，2 天 1 次。在整复过程中要注意耐心细致，手法要轻，和助手密切配合；在整复后应肌内注射催产素，密切观察 1～2 小时，以防再次脱出。也可以尝试将阴门上 2/3 缝合，防止子宫再次大量脱出。

手术后应采取强心、补液、消炎和促进子宫收缩复旧，密切注意观察有无内出血和重新脱出的可能。

五、子宫捻转

子宫捻转是指母牛整个子宫或一侧子宫角围绕子宫纵轴发生的扭转。往往伴有子宫颈及前部阴道的捻转，多数转 90°～180°，发生于妊娠后期或分娩时，经产牛多发。

【病　因】　牛子宫悬韧带较长，子宫的活动性大，易于发生围绕子宫纵轴的扭转。母牛体位发生剧烈改变。子宫角及子宫小弯处有韧带，大弯处无韧带，妊娠后大弯扩大明显，游离性增大，受到突然的体位变化而引起。胎水减少也是一个诱因。

【临床症状】

（1）妊娠末期、分娩前发生子宫捻转，母牛表现腹痛、不安，如踢腹、不停地起卧、摇尾、踏地等，体温一般变化不大，但呼吸和脉搏增加。常常和急腹症相混淆，经阴道检查和直肠检查可确诊。

（2）分娩时发生子宫捻转，虽有各种分娩前的预兆，并且分娩很长时间，但胎囊、胎儿迟迟不见露出来。在临床上，轻度捻转（小于90°）经助产有时也可将胎儿取出，之后子宫会复旧，如捻转加重，则可导致子宫颈口闭锁，很难将胎儿取出；重度捻转（大于360°），局部血管压迫，会引起胎儿死亡，或子宫部淤血、水肿，甚至母畜死亡。

【诊　断】　根据直肠检查和阴道检查的结果即可确诊。虽然子宫捻转造成的急腹症并不常见，但是当母牛表现急腹症并且已妊娠4个多月时，进行鉴别诊断时应考虑子宫捻转。

阴道检查：插入开膣器时，阻力增大，阴道上有明显的螺旋状皱襞，而且据皱襞的方向可判断捻转的方向：如向右转，表现从阴门正上方为顺时针方向螺旋状皱襞；如向左转，为逆时针方向螺旋状皱襞。切记，螺旋状皱襞从阴道背部开始向哪一侧旋转，则子宫就向该方向捻转。

直肠检查：主要检查两侧子宫阔韧带的紧张性，顺时针捻转表现为右子宫阔韧带被拉到捻转的子宫的下方，而左侧子宫阔韧带被拉到生殖道的顶上方。

【治　疗】

1. 通过产道矫正　如发生在分娩过程中，且子宫颈已开张，捻转程度也不严重，可将消毒的手臂伸入子宫内，抓住胎儿的一部分，旋转胎儿以矫正子宫。注意母畜应站立保定，并前高后低。

2. 通过直肠矫正　比较困难。如果子宫向右侧捻转，将手伸至右侧子宫下侧方，向上向左侧翻转，反之亦然，同时，助手在对侧配合，推压母体腹壁，进行矫正。

3. 翻转母体矫正　这是较常见的方法。包括以下几种：

（1）直接翻转母体：让母畜横卧，切记子宫向哪侧发生捻转，就让牛哪侧向下卧下，后躯稍高一些，迅速翻转母体，翻转1次，检查1次。

（2）通过产道固定胎儿翻转母体。

（3）腹部加压翻转母体：取3米长木板，将其中部放于腹肋部最突出的部位上，一端着底，站一人或者放一重物，翻转母畜。

4. 剖腹矫正或剖腹产　对于不可复性子宫捻转，只能采取剖腹矫正或剖腹产。

六、乳 房 炎

乳房炎是由各种病因引起的乳房炎症，乳汁发生理化性质及细胞学变化，乳腺组织发生病理学变化。

【分　类】　根据病程长短和发病情况分为：

1. 最急性乳房炎　常是一个乳区突然发生，有明显的全身症状，产奶量下降90%左右，乳汁呈水样。

2. 急性乳房炎　全身症状不明显，体温可能略升高，但局部红、肿、热、痛明显，产乳量下降。

3. 亚急性乳房炎　乳房没有红、肿、热、痛，没有全身症状，乳中有凝块或絮状物。

4. 慢性乳房炎　牛产奶量降低，触诊乳房内有硬节（块），乳区内常有索状硬条，乳汁放置一段时间后，上层为水样，下层是沉淀物。由于反复发作，乳房逐渐萎缩，有的出现脓肿。

5. 隐性乳房炎 乳房触诊和乳汁肉眼观察均无异常，只有实验室检查才能测出乳汁的炎症变化。

【病 因】 引起牛乳房炎的病因很多。细菌、病毒、真菌、霉形体，以及各种各样的理化因素、饲养管理、畜体卫生和挤奶设备等都可引起牛乳房炎。

引起乳房炎的病原微生物比较复杂，包括接触传染性病原菌和环境病原菌。

1. 接触性传染病原菌 主要包括无乳链球菌、停乳链球菌、金黄色葡萄球菌和支原体。接触传染性病原微生物定植于乳腺，并可通过挤奶工或挤奶机及共用的清洗液传播。

2. 环境性病原菌 主要包括大肠杆菌、肺炎克雷伯氏菌、产气肠杆菌、沙门氏菌、变形杆菌、假单胞菌以及其他革兰氏阴性菌、凝固酶阴性葡萄球菌、环境链球菌、酵母菌或真菌、化脓性放线菌及牛棒状杆菌。环境性病原菌通常不引起乳腺的感染，当乳牛的环境、乳头、乳房或挤乳器被病原污染，使病原通过乳头管或创口进入乳池引起感染。

【临床症状】 乳房外观发生变化，表皮出现红点或局部红肿，手触有热、痛感，挤奶时，开始两把奶有絮状物。急性临床型乳房炎全身症状明显，体温升至 40～41℃，皮肤敏感，乳房组织肿大变硬，出现红、肿、热、痛等症状，乳汁中混有较多的絮状物和凝乳块，泌乳量明显下降或无。当乳房呈红褐色，结缔组织增生，既无热感也无痛感；乳汁有臭味，呈清水样，量少而稀，并混有絮状物时，则表明病情加剧发展为腐败坏死型乳房炎。另外由产科疾病或其他类型乳房炎继发的出血型乳房炎，乳房上部淋巴结肿大；乳汁稀如水样，呈淡红色或血红色，并有血样纤维素絮状物，体温升高至 41～42℃。

【诊 断】 乳房炎的发病率非常高，临床上根据乳房的表现和乳汁的异常即可确诊，但是对于乳房炎的防控重点在于整体监测诊断，及早发现隐形乳房炎。目前，诊断方法大致可以分为四类：乳汁病原微生物检查、乳汁细胞学检查、乳汁生物化学方法检查以及乳汁物理学方法检查。

【治　疗】

1. 全身疗法　对所有出现全身反应的乳房炎，均应采用全身大剂量抗生素疗法（大肠杆菌、克雷伯氏菌引起的急性乳房炎除外，这类急性乳房炎的治疗原则是先抗炎，40分钟后再用抗生素：肌内注射氟尼辛葡甲胺等抗炎药，40分钟后静注硼葡萄糖酸钙1000毫升＋青霉素2000万～4000万单位（或头孢类抗生素）＋生理盐水1000毫升＋维生素C 50毫升＋50%葡萄糖500毫升＋10%氯化钠1000毫升，每天1～2次，同时在挤奶前可选择性肌内注射缩宫素40单位，目的是在治疗乳房炎感染的同时，有效地控制或防止出现败血症或菌血症。抗菌药主要用青霉素、链霉素、头孢类和磺胺类等。

2. 乳房灌注　挤完奶后进行乳房灌注，注入药物后按摩乳房。注意一定要严格消毒，防止将细菌、真菌等带入引入乳区，而且要有一定的疗程，一般注射3次。应用的药物主要是抗菌药，也包括一些中药制剂和中西药复方合剂。

3. 乳房封闭疗法　在乳房基部结缔组织间隙分点注射。可采用青霉素、链霉素和普鲁卡因混合后封闭。

4. 外阴动脉注射法　经外阴动脉注射抗生素，可向乳房内迅速渗透，比全身给药更有效，一般可用青霉素（使用剂量遵照说明书执行），注射用水40毫升，稀释后一次注入，每日2次。

5. 局部冷敷　可用明矾水冷敷，也可用鱼石脂、樟脑等局部涂搽。

6. 中药治疗　如复方公英散。主要是应用一些清热解毒、活血化瘀等类药物。参考方剂如下：

（1）蒲公英150克，金银花100克，板蓝根100克，黄芩100克，当归100克。加水浸泡数小时，于蒸汽夹层锅内煎煮3

次，合并药液，浓缩到 500 毫升，候温灌服。功能清热解毒，化瘀。主治牛乳房炎。

（2）蒲公英 100 克，金银花 50 克，泽兰 40 克，防己 40 克，益母草 10 克，木通 50 克，大腹皮 50 克，白术 75 克，茯苓 40 克，泽泻 50 克。煎汤去渣，候温灌服。功能清热解毒，利水消肿。主治牛乳房炎。

（3）蒲公英 30 克，当归 30 克，川芎 24 克，全瓜蒌 30 克，青皮 24 克，金银花 30 克，连翘 24 克，黄柏 24 克，栀子 30 克，牛蒡子 30 克，木通 30 克，茯苓 30 克，荆芥 15 克，炮山甲 15 克，甘草 12 克，防风 18 克。共研为末，开水冲调，候温灌服。功能疏肝理气，清热散痈。主治牛乳痈。

7. 其他疗法　针对具体病例，采用不同的方法进行治疗：如乳房局部化脓，则应切开按外科方法处理；如奶头狭窄，可用括乳器扩张乳头；如果有增生，可切除后缝合；如果是慢性乳房炎，应局部热敷等；急性坏疽性乳房炎，严禁按压、热敷，及时静脉大剂量注射抗生素，也可用 2%～3% 高锰酸钾注入患区冲洗等。

【预　防】　对牛乳房炎应以防为主，防治结合。平时加强饲养管理，关注环境卫生、挤奶设备卫生，注意随季节、环境等的改变采取相应的预防措施。

（1）注意挤奶卫生：包括环境、卧床卫生和母牛个体卫生，特别是乳房卫生。

（2）乳头药浴：主要药物有碘制剂（如威力碘、碘消灵、碘甘油等）、3%～4% 次氯酸钠、0.5% 洗必泰等。

（3）定期进行乳房炎检测，及早发现，及时治疗。

（4）引进外来牛时必须先隔离观察，防止原牛群的感染。

（5）淘汰慢性乳房炎病牛。慢性乳房炎病牛一般生产价值不大，但是会长期排毒，引起其他牛的感染，故要及时将其淘汰。

（6）干奶期防治。优点：无牛奶的损失，药效持续时间长，可采取对所有牛干奶期预防或对少数发病个体牛治疗。采用广谱、维持有效浓度时间长的西药或中草药复方制剂。

七、毛滴虫病

毛滴虫病是一种牛生殖器官疾病，其特征是早期胎儿死亡，有时出现流产和难产，病原体是胎儿毛滴虫。一般临床症状见阴道内有浑浊脓性排出物。早期胚胎死亡后，母牛2～6个月不孕。感染此病的公牛通过自然交配会使母牛感染。

【临床症状】 成年牛感染后最初3～6天阴门及阴道前庭黏膜水肿；1～2周，前庭黏膜鲜红，表面有许多小红斑点和结节，而后变成充满淡黄色液体的疱，破溃后形成糜烂、溃疡；随后，生殖道开始有浑浊或脓性分泌物排出，渗出物逐渐减少。牛患该病后，阴部发痒，常举尾、摇尾，在栏柱上或其他物体上摩擦外阴部，频频做排尿姿势。主要表现为阴道炎、子宫颈炎及子宫内膜炎。当发生脓性子宫内膜炎时，患牛体温升高、泌乳量下降、食欲减退。成群不发情、不妊娠或妊娠后1～3个月流产。

【诊　断】 根据牛群出现阴道炎、发情紊乱、不孕、早期流产、子宫蓄脓等症状，即可怀疑本病。确诊需做实验室诊断。

1. 压片检查 无菌采阴道黏液或阴道分泌物，滴于载玻片上，用生理盐水做3倍稀释，加热至38℃后覆加盖玻片，置于400倍显微镜下检查。结果发现视野中有梨形或纺锤形虫体可确诊。

2. 涂片染色检查 用生理盐水冲洗阴道，收取部分冲洗液以2000转/分离心5分钟，弃上清液，取管底灰白色带有黏性的沉淀物涂片、姬姆萨染色、显微镜检查，也可检查到虫体。

【防　治】 因为滴虫病通常与自然交配有关，所以应停止本交，使用人工授精。采用人工授精，避免公母牛之间传染。在进行人工授精时，应仔细检查公牛的精液，确认无毛滴虫感染时方可利用。患牛与健康牛要分开饲养，一切用具要分开并严格消毒。

在患牛发情时用药，可用甲硝唑栓剂 10 枚或片剂 20～30 片溶解后注入患牛子宫及阴道内，1 天 1 次，连用 3 次。应用 0.1% 雷夫诺尔冲洗患牛阴道、子宫，并尽量将冲洗液导出。隔日 1 次，连用 3～4 次。期间未冲洗日可用 5%～10% 磺胺软膏涂擦患牛阴道或碘甘油 30～50 毫升注入患牛子宫内。

八、牛生殖器官弯曲杆菌病

牛生殖器官弯曲杆菌病是由胎儿弯曲杆菌（原名胎儿弧菌）引起的一种人兽共患病。其临床特征是侵害母牛生殖器官，引起流产、死产和不孕。

【流行病学】　胎儿弯曲杆菌对干燥、阳光和常用消毒药敏感。传染源是患病母牛、带菌的公牛及康复后的母牛。病菌主要存在于公牛阴茎上皮、包皮及母牛生殖道、胎盘或流产胎组织中。感染途径为自然交配和人工授精，也可通过消化道感染。各种年龄的牛对本菌均易感，成母牛易感性较高。本病多呈地方性流行，也能发生大流行。

【临床症状】　公牛一般无明显症状但带菌，包皮黏膜发生暂时性潮红，精液正常。母牛经交配感染 10～14 天后，病菌在子宫和输卵管中繁殖，引起阴道卡他性炎症，表现阴道黏膜发红，黏液分泌增多，有时可持续 3～4 个月，导致胚胎早期死亡并被吸收，或发生早期流产而不育。母牛发生流产多在受孕第 5～6 个月，流产率为 5%～20%。早期流产时，胎衣常随胎儿排出，如发生在 5 个月后，常常可见胎衣滞留。初次感染痊愈后母牛能获得免疫，对再感染具有一定的抵抗力，如与带菌公牛交配，还可妊娠。

【病理变化】 成母牛和小母牛发生子宫内膜炎、轻度子宫颈炎和输卵管炎。子宫黏膜充血、水肿。胎膜水肿，绒毛叶充血，可有坏死区。病理组织学检查多呈轻度弥漫性细胞浸润，伴有轻度的表皮脱落，血管微循环无明显的结构变化。公牛生殖器官无异常变化。

【诊　断】 根据临床发情期无规律、暂时性妊娠和流产等症状，可做出初步诊断。确诊必须进行实验室检查。

1. 细菌学检查 可采取流产胎膜制成涂片，革兰氏染色镜检，若发现弯曲杆菌形态呈多样性，多数为逗点状，可做出初步诊断。确诊需要进行细菌的分离和鉴定，取流产胎儿的胃内容物或公牛精液、包皮黏液、母牛子宫颈黏液和阴道黏液等，接种于血液琼脂，10% 二氧化碳环境中，37℃培养 10 天，然后通过形态学鉴定、生化鉴定，或 PCR 方法鉴定才能确诊。

2. 血清学诊断 阴道黏膜凝集试验：此法抗体出现较晚，滴度低，维持时间短。操作方法是，以纱布塞采取子宫颈部黏液，用生理盐水或 0.3% 福尔马林盐酸缓冲液稀释，离心沉淀，取上清液再做系列稀释，各加等量抗原，于 37℃作用 24～40 小时观察结果。凝集价达 1∶25 者判为阳性。

【防　治】 由于本病是通过交配传播，因此，选用健康种公牛进行配种或人工授精是控制本病的关键。在每次对种公牛采精时，要认真彻底清洗公牛的包皮；精液生产的过程中，在严格消毒的同时，要用抗生素处理。在人工授精时，一般可于进行人工授精前 6 小时在每毫升稀释精液中加入青霉素 500 万单位、链霉素 0.5 毫克，可大大减少本病的传播。在输精过程中要认真进行清洗、消毒处理，防止交叉感染。

当牛群暴发本病时，可暂停配种 3 个月，同时用抗菌药物治疗患病牛。一般对流产母牛特别是胎衣停滞的病例，可在子宫内投入链霉素和青霉素，或连续肌内或静脉注射青（或链）霉素 5 天。治疗后至少隔 1 次发情期之后才可配种。

九、卵巢功能不全

卵巢功能不全包括卵巢功能减退、组织萎缩、卵泡萎缩及交替发育等，由于卵巢功能紊乱所引起的各种异常变化。

【病　因】 主要由子宫疾病（慢性子宫内膜炎、子宫积脓、子宫积液等）、全身性疾病以及饲养管理和利用不当（长期饥饿、使役过重、哺乳过度等）引起，可继发于卵巢疾病或卵巢营养不良；下丘脑－垂体－性腺系统出现紊乱也能导致发病。

【症状及诊断】 病牛卵巢功能减弱，性周期延长，产后长时间不发情或发情不规则。有些牛虽然有明显的发情，但不排卵；较严重的病例，卵巢萎缩和硬化，性周期完全停止。直肠检查发现卵巢表面光滑、坚实、长期无卵泡生长，即使有卵泡生长也很缓慢，最终闭锁；卵巢静止时，直肠检查感觉卵巢大小和质地正常，没有卵泡发育或仅有初级卵泡，无发情表现；卵泡萎缩时，直肠检查感到卵泡硬而有弹性，泡壁变厚，波动不明显，以后逐渐缩小，直到消失，卵巢小而稍硬，但摸不到卵泡或黄体，有时也可摸到小的卵泡或黄体，子宫体积也会变小。在卵泡交替发育时，直肠检查会发现一侧卵巢上的卵泡停止发育，同时在同一卵巢或对侧卵巢上有新的卵泡出现，但未成熟即萎缩，即卵泡出现和萎缩交替发生。病牛表现连续发情或不规则的断续发情。

【防　治】 预防主要是改善饲养管理，营养要全面，保持一定运动量。

治疗应全面分析，找出主要病因，按具体情况采取适当措施进行治疗。

（1）激素疗法：

①促卵泡素，200～300单位，肌内注射，2天1次，共2～3次，注射1次检查1次。当发现卵泡快成熟时用促黄体素200～400单位，或人绒毛膜促性腺激素3 000～5 000单位，静脉注射

（有人用 10 000 单位肌内注射）。

②人绒毛膜促性腺激素，2 500～5 000 单位，静脉注射，或 10 000～20 000 单位，肌内注射。

③马绒毛膜促性腺激素，1 000～2 000 单位，肌内注射。

④促性腺激素释放激素类似物，如促排Ⅱ号（LHRH-A_3），500～100 微克，肌内注射。

（2）维生素 A，肌内注射 100 万单位 / 次，10 天 1 次，连用 3 次。

（3）冲洗子宫：用温生理盐水或 5% 氯化钠水溶液；0.1% 碘甘油水溶液，冲洗子宫 2～3 次，1 次 /2 天。

（4）中药疗法：

①参芪归地散加减：党参 40 克，黄芪 40 克，当归 40 克，山药 40 克，熟地 40 克，益母草 200 克，淫羊藿 80 克，猪卵巢或公鸡睾丸 4 对为引。研末灌服，每天 1 剂，2～4 剂为一疗程，一般 1 个疗程即可治愈，个别严重病例需 2 个疗程。功能温肾健脾、益气补血。

②黄芪 30 克，党参 24 克，白术 12 克，当归 24 克，熟地 24 克，香附 24 克，黄精 21 克，大云 12 克，砂仁 15 克，枸杞 21 克，五味子 15 克，淫羊藿 15 克，丹参 30 克，川断 45 克，故纸 21 克，川芎 12 克，白芍 24 克，炙草 9 克，黄酒、猪卵巢或公鸡睾丸一对为引。研末开水冲，候温灌服，隔日 1 剂，连服 3～5 剂。

③山药 30 克，芋肉 15 克，茯苓 24 克，生地 30 克，白术 15 克，酒柏 30 克，当归 45 克，酒芩 30 克，白芍 18 克，秦艽 24 克，菟丝子 80 克，覆盆子 30 克，首乌 21 克，紫石英 15 克，甘草 15 克，红枣为引。研末开水冲，待温灌服。服法：发情后第 1 天开始，连服 2 剂，于第 4 天配种。

（5）电针疗法：母牛产后卵巢功能不全及其萎缩者，电针命门、百会、腰胯穴；卵巢静止者，电针阳关、百会及交巢穴。

十、卵巢囊肿

卵巢囊肿是指卵巢上有卵泡状结构，其直径超过 2.5 厘米，存在时间达 10 天以上，同时卵巢上无正常黄体结构的一种病理状态。分为卵泡囊肿和黄体囊肿。本病是引起牛发情异常和不育的重要因素之一。发病率为 20%～30%。

【病　因】　引起该病发生的原因很多，但发病机制尚未清楚，可能和内分泌失调有关，即促黄体素分泌不足或促卵泡素分泌过多，使排卵机制和黄体的正常发育受到干扰。饲料中缺维生素 A 或含雌激素过多可导致发病；特别是 2～5 胎多发（另一种说法是 4～6 胎多发），舍饲多发，冬季多发，产后期发病率最高；可能和遗传有关；发病与围产期的应激因素有关；子宫内膜炎、胎衣不下及其他疾病，如产后瘫痪、怀双胎等，引起卵巢炎，发病增多。

【分　类】

1. 卵泡囊肿　是发生于一侧或两侧的壁较薄的一个或多个囊泡，是卵泡发育到一定时间不能排卵，卵子死亡，卵泡上皮变性、增厚，卵泡液未被吸收或者增多而形成的。表现无规律的频繁发情和持续发情，甚至慕雄狂，分泌雌激素。

2. 黄体囊肿　是发生于一侧单个壁较厚的囊泡，是卵泡未排卵，卵泡壁黄体化而形成的，表现长期不发情，分泌孕酮。

【临床症状】

1. 卵泡囊肿　主要表现为慕雄狂和乏情。多数是初期呈乏情，长时间不出现发情征象，后转为慕雄狂（持续而强烈地发情表现，严重的不安、吼叫、不吃、常排尿和粪、产奶量下降，爬跨其他母牛，连续几次后，形似公牛，颈部肌肉发达）。阴门水肿、弛缓、增大，子宫颈口开张而松弛，排出多量灰白色、不透明的黏液，荐坐韧带弛缓，尾根高举，与坐骨结节间形成凹陷。

发病原因是促卵泡素分泌过量，而促黄体素分泌不足，使卵泡过度发育，大量分泌雌激素。直肠检查可发现卵巢肿大，呈圆形，表面平滑并有波动感。

卵泡囊肿常见的特征症状之一是荐坐韧带松弛，尾根高举，同时生殖器官常水肿且无张力，阴唇松弛、肿胀。阴门有黏液流出，灰色或黏脓性，子宫颈外口松弛子宫和子宫颈增大，子宫壁增厚、变软。直检，卵巢上有囊状结构，直径大于 2.5 厘米；10天后再检，无变化。

2. 黄体囊肿　主要症状是不发情，直检卵巢上有较厚的囊肿，多数为一个（厚而软），囊肿表面摸起来不太紧张，经 10 天后再检无变化可确诊。

【诊　断】　根据繁殖史结合慕雄狂表现，经 2 次直肠检查，卵巢上同一部位囊肿的黄体没有变化，一般即可确诊。

【防　治】　在牛产后 12～14 天注射促性腺激素释放激素，可预防本病发生。

治疗越早越好，原则是使囊肿黄体化。

（1）改善饲养管理，适当运动，注意饲料中维生素和矿物质含量的补充。

（2）手术疗法：摘除黄体，现在一般采用超声引导下穿刺囊肿的卵巢即可治愈。

（3）激素疗法：

①促卵泡素，100～200 单位，一次肌内注射，连续 5～7 天。

②人绒毛膜促性腺激素，5 000 单位，静脉注射；或 10 000 单位，肌内注射，一般在治疗后 20～30 天发情，应及时配种，防止复发。

③促黄体素释放激素（LHRH）类似物，常用的是 LHRH–A_3，用量 50～100 微克，一次肌内注射，连用 1～4 天。可配合黄体酮 100 毫克，肌内注射，效果更好。

④前列腺素 $F_{2\alpha}$ 5～10 毫克，一次肌内注射；或氯前列烯醇

500 微克，或前列腺素 $F_{2\alpha}$ 9 微克 / 千克体重，肌内注射。

⑤孕酮油剂 50～100 毫克 / 头，肌内注射，1 次 / 天，连续 14 天；或者用 1 次包埋剂，750～1 000 毫克 / 头；或者用孕酮缓释阴道栓。

⑥地塞米松，100 毫克，一次静脉注射，隔日 1 次，连续 2～3 次。

（4）加强对其他并发病，如子宫炎等的治疗。

（5）中药疗法：以活血、破郁、散结为主。处方：三棱 30 克，莪术 30 克，香附 30 克，藿香 30 克，青皮 25 克，陈皮 25 克，桂枝 25 克，益智仁 25 克，肉桂 15 克，甘草 15 克。共研为末，开水冲服。

十一、持久黄体

妊娠黄体或周期黄体超过正常时限而仍继续保持功能者，称持久黄体。

【病　因】　运动不足，饲料单一，缺乏矿物质及维生素，特别是高产牛易发病。冬春季多发，另外该病发生和子宫疾病有关（子宫炎、子宫积水、胎衣不下、子宫肿瘤、子宫复旧不全等）。

【临床症状】　母牛长期不发情，一侧或两侧卵巢上有硬的突起的黄体，间隔一定时间仍存在，子宫可能无变化，有时稍大，松软下垂，收缩反应没有或减弱。

【诊　断】　直肠检查时，可发现一侧卵巢增大，卵巢质地稍硬，有时黄体不突出表面，不规则，不饱满，有时于同侧或对侧卵巢出现一个或数个黄豆或绿豆大小的、处于静止或萎缩状态的发育卵泡。持久黄体一部分呈蘑菇状或圆锥状突出于表面。

为了区别持久黄体和性周期黄体，必须经过 2 次直肠检查才能做出比较准确的诊断。第一次检查时，应该摸清一侧卵巢上黄体的位置、大小、形状和质地，以及另一侧卵巢的大小及变化情况；隔5～7天进行第二次直肠检查，若卵巢状态没有变化，原存在于另一侧卵巢上的黄体即可认为是持久黄体。

为了和妊娠黄体区别，须仔细触诊子宫或经超声确诊是否受孕。持久黄体，子宫松软下垂，子宫角不对称，无收缩反应，无妊娠现象，有时伴发子宫疾病，外阴收缩呈三角形，有明显的皱纹，阴蒂、阴唇、阴道黏膜苍白，一般不见分泌物流出，母牛安静。

【防　治】 预防主要是加强饲养管理，增加运动，减少挤奶量等。

治疗可采用下列方法：

（1）**激素疗法**　① 0.5%前列腺素 $F_{2\alpha}$ 注射液，5毫升，肌内注射；或者氯前列烯醇，500微克（2毫升），肌内注射。②催产素，50单位，一次肌内注射，隔日1次，共2～3次。

（2）**卵巢按摩疗法**　即手隔直肠按摩卵巢，使之充血，每天1次，每次按摩5分钟，连续2～3次。

（3）**中药疗法**

方1：复方仙阳汤：淫羊藿90克，阳起石90克，益母草90克，当归75克，赤芍75克，菟丝子75克，补骨脂75克，枸杞子75克，熟地75克。水煎取汁，一次灌服，每日1次，连用3剂。

方2：当归30克，柴胡30克，香附30克，白芍30克，枳壳30克，川芎30克，桃仁30克，红花30克，益母草100克，甘草20克。研末灌服，每天1剂，2～3剂为一个疗程。

第十章
犊牛常见疾病

一、异物性肺炎

异物性肺炎是指由于异物（空气以外的其他气体、液体、固体等）被吸入肺内，并引起支气管和肺的炎症，统称为异物性或吸入性肺炎。

【病　因】　主要因食道麻痹，引起唾液和奶汁误咽所致。饲养员在喂饲犊牛时乳汁误入肺脏和气管内也可发生。

【临床症状】　病牛不久就出现精神沉郁、呼吸急速而咳嗽。听诊肺部可听到泡沫性的啰音。当大量误咽时，在很短时间内就发生呼吸困难，流出泡沫样鼻汁，因窒息而死亡。病犊牛精神沉郁，食欲减退或废绝，脉搏增数，呼吸加快，咳嗽，严重时双侧腹部煽动，甚至张口喘气，体温 40.5～41.0℃，瘤胃蠕动减弱或停止，眼结膜充血、潮红、发绀，人工诱咳喉头气管敏感。

【诊　断】　根据临床症状即可确诊。

【治　疗】　治疗原则：迅速排出异物，抗菌消炎，及对症治疗。一旦确定犊牛吸入异物，不论是液体还是刺激性气体，均应立即用抗菌药物治疗。具体可参照支气管肺炎的治疗方法。

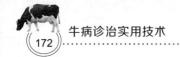
二、新生犊牛窒息

新生犊牛窒息指犊牛在刚出生的几分钟呈现呼吸微弱或不呼吸，但心脏跳动仍存在，又称假死。

【病　因】　主要是分娩前和分娩过程中，多种原因引起胎儿组织缺氧。

（1）母体原因：贫血、妊娠毒血症、胎盘水肿、胎盘分离过早、子宫狭窄等。

（2）胎儿因素：早产、发育不全、先天性畸形、脐带扭转、血液供应障碍等。

（3）分娩时发生难产，产出期延长或胎儿排出受阻，分娩过程中胎儿吸入羊水等。

【临床症状】　大多数病例均有呼吸障碍和吸入羊水。窒息程度轻者呼吸微弱而急促，且间隔时间长，可视黏膜发绀，口腔和鼻腔充满黏液，舌垂于口外，心跳和脉搏快而弱，角膜存在反射，又称"青紫假死"。严重窒息者呼吸停止，黏膜苍白，全身松软，反射消失，仅有微弱心跳，卧地不动，又称"白色假死"。

【诊　断】　根据临床症状可确诊。

【治　疗】　用消毒棉球擦干净口腔、鼻腔中的黏液，保证呼吸道畅通，提起后肢，轻轻拍打、按压胸部，促进呼吸；可用棉花沾少量氨水，放到鼻部刺激呼吸等；也可进行人工呼吸、输氧等。还可用强心药物（如肾上腺素）及促呼吸的药物（如尼可刹米）或促苏醒的药物进行治疗，往往可促使新生犊牛开始呼吸，特别是对呼吸微弱的犊牛效果较好。

三、脐　炎

脐炎是新生犊牛脐血管及周围组织发炎。

【病　因】　接产时对脐带消毒不严，脐带受到污染；相互吸吮脐带等引起。

【临床症状】　犊牛出生几天后，在脐带断端处有索状坚硬感、热感、波动性肿块，脐周围湿热、充血、肿胀、疼痛，有时有脓性液体流出，周围被毛有被污染的痕迹，或者可挤出少量黏稠的脓汁。如果不及时处理，可能发生穿孔、形成瘘管以及感染破伤风、腹膜炎以及败血症等。

【治　疗】　局部剪去被毛，涂 5% 碘伏，也可用普鲁卡因和青霉素局部封闭（早期）；如化脓，用 0.1% 高锰酸钾或 0.5% 新洁尔灭溶液冲洗后，切除感染的组织和增生的肉芽，然后按外科常规方法处理，然后每天局部涂擦碘伏，并适当根据情况注射抗生素。如有全身症状，必须应用抗生素进行抗菌消炎、补液等全身疗法。

四、胎粪停滞

新生犊牛通常在出生后数小时内排出胎粪，如果超出 1 天不能排出，就称为胎粪停滞。

【病　因】　多发生于出生后体弱的犊牛，主要是不能吸吮初乳造成的。另外，感冒受凉、先天性发育不良或早产、体质衰弱的犊牛，均易发生胎粪停滞。

【临床症状】　犊牛出生后 24 小时内不排胎粪，精神不振，吮乳次数减少，肠音减弱，表现拱背、摇尾、努责、踢腹、卧地、回顾腹部等腹痛症状。手指插入肛门可感到硬的粪块。可视黏膜潮红黄染，口腔干燥，呼吸及心跳加快，肠音消失，常继发肠臌气，后期全身衰竭卧地不起，陷于自体中毒状态，最终可能导致死亡。

【治　疗】

（1）灌肠：液体石蜡 200～300 毫升；或应用开塞露（甘油

和山梨醇制剂）灌肠。

（2）缓泻：灌服液体石蜡100～200毫升，同时用酚酞0.1～0.5克。

（3）用钝头铁丝钩钩出直肠末端硬的粪便。

（4）进行补液、强心、解毒及抗感染等对症治疗。

五、新生犊牛腹泻

新生犊牛腹泻是由冠状病毒所引起的新生犊牛的传染性疾病。其主要特征为病程急剧、播散迅速、严重腹泻、小肠绒毛萎缩。此病是新生犊牛最常见的急性腹泻综合征的一个组成部分。

【临床症状】 本病主要见于7～10日龄犊牛，无论是否吃过初乳的犊牛都会发病。潜伏期大约为20小时。初期，患犊精神沉郁、吃奶量减少或不吃奶，排出淡黄色的水样粪便，内含凝乳块和黏液。机体持续不断的腹泻是由于吃进的奶不消化和未成熟的绒毛上皮长期存在所致。未成熟的绒毛上皮的长期存在引起消化酶的缺乏，使肠道消化吸收能力降低。随着病情发展，病犊在腹泻2～3天后衰弱，脱水，血液浓缩，红细胞压积增至49%～61%（健康犊牛为32%）。

【病理变化】 小肠绒毛缩短，相邻的绒毛偶然融合在一起，绒毛被立方上皮细胞覆盖着。结肠的结肠嵴萎缩，表面上皮细胞由正方形变成短柱形。分散的结肠嵴扩张，由低的立方上皮细胞覆盖。表面的和肠腺的上皮细胞都有冠状病毒的荧光。

【诊　断】 引起新生犊牛腹泻的原因较多，如轮状病毒感染、犊牛大肠杆菌病等，其发病后的症状也与本病相似。因此，根据临床症状难以确诊。确诊需取粪便分离出病毒，用免疫荧光法在绒毛上皮细胞中检出病毒，以及进行病毒中和试验等。

【防　治】 加强新生犊牛的护理，将其隔离单独饲喂，犊牛舍要保持清洁、干燥和温暖。

本病目前无特效疗法，只能在疾病早期进行对症治疗。对有脱水和酸中毒者，可应用含葡萄糖的电解质溶液，如葡萄糖生理盐水以及5%碳酸氢钠溶液等。口服补液盐对纠正腹泻脱水有效，但尚不能减少腹泻排出量、持续时间。用煮熟谷粉代替葡萄糖，或与甘氨酸合用，比口服补液盐的效果更好。不但能补充水和电解质，而且能促进肠管分泌液再吸收，减少腹泻排出量和持续时间。

抗病毒疗法需要根据条件使用干扰素、黄芪多糖及常规抗病毒药物进行治疗，同时积极进行相应的对症治疗。为防止继发感染可使用抗生素，如庆大霉素和头孢类抗生素等。

六、犊牛大肠杆菌病

犊牛大肠杆菌病又称犊牛白痢，是由一定血清型的大肠杆菌引起的一种急性传染病。主要原因是致病性大肠杆菌能产生内毒素和肠毒素而引起严重的下痢，伴发有严重的全身症状。

【流行病学】　大肠杆菌性犊牛腹泻在21日龄以内均可发病，但以7日龄以内的犊牛多发。发病率和死亡率均可高达70%～100%。病初常见犊牛吃过第一次初乳后发病，随着病情流行加剧，出生后尚未吃初乳的犊牛也见严重腹泻发生。一年四季都可流行。多集中于某地或某场，散发或呈地方性流行。大肠杆菌通过病犊大量增殖，随粪、尿排出，其毒力增强，污染地面、水源、草料及饲养管理用具，极易引起新的传染，造成流行。

自然感染多因病菌污染饲料及饲喂用具经消化道感染；当产房不卫生，接产时消毒不严，可经脐带感染；经子宫和产道感染者较为少见。

【临床症状】　根据发病时间、病程，分为以下3种类型。

（1）超急性型　常侵害7日龄以内的犊牛。病犊频繁排出水样稀粪，发病后几小时即可出现严重脱水，虚弱，昏迷休克。可视黏膜发绀，全身发凉，皮肤弹性消失。食欲废绝，粪便淡黄色、稀汤状，内有未消化的乳块、血丝和气泡，腥臭。肛门失禁，会阴部和大腿后侧被稀粪污染。肛温偏低或正常。有全身反应时，心动过缓，心律不齐。病程 1～2 天，病死率高达 50%～80%。

（2）**急性型** 病犊严重水样腹泻，进行性脱水，衰弱，体温正常或偏低，厌食，体重明显减轻。

（3）**亚急性型** 这类病犊很常见，一般不需治疗也能康复。主要表现为粪便稀软，或呈水样。

【病理变化】 病死犊牛常无典型病理变化。尸体消瘦，眼窝凹陷，黏膜苍白。真胃黏膜出血，上覆黏液，胃内集有黄白色的凝乳块；肠道内集有黄色黏稠的粪便，混含血液和气泡，腥臭，肠黏膜充血、出血，部分黏膜脱落；肠系膜淋巴结肿大，切面多汁。

【诊　断】 根据流行特点（发病时间、年龄、发病数）、临床症状、病理变化、细菌分离等综合分析。

临床诊断要点如下：出生 3 天内的犊牛发病最多，病程短，死亡快；吃过初乳或未吃过初乳均可发病，但以吃过初乳的马上发病居多；以腹泻、脱水为特征，粪便淡黄色水样；病理变化是卡他性或出血性胃肠炎；从死犊的心、肝、脾等组织中能分离出大肠杆菌。

【防　治】 加强妊娠母牛饲养，保证胎儿正常发育。加强对新生犊牛护理，增强抗病力。新生犊牛的护理主要包括接产、犊牛床及哺乳清洁卫生，减少细菌感染的机会。

脱水、血中离子平衡失调和酸中毒是引起犊牛死亡的主要原因。治疗原则是抗菌消炎，防止败血症；补液解除脱水；补碱以缓解酸中毒；调节胃肠功能。

1. 补液解除脱水 5% 葡萄糖生理盐水 1 000～2 000 毫升、12.5% 维生素 C 5～10 毫升、10% 安钠咖 5 毫升、25% 葡萄糖

200~300毫升、5%碳酸氢钠100~150毫升，一次静脉注射，每日注射2~3次。

2. 抗菌消炎 新霉素10~30毫克/千克体重，一次肌内注射，每日2次，连用3~5天。庆大霉素，1毫克/千克体重，内服。吡哌酸，2.5~4克，一次内服，日服2~3次，连服2~4天。喹乙醇，0.5~0.8克，一次内服，日服1~2次，连服3~5天。止痢灵（促菌生）5克，一次内服，每日内服2次，共服3~4次。

3. 输血 取母牛血液100~200毫升，一次静脉注射。

4. 保护胃肠黏膜 鱼石脂乳酸液（乳酸2克、鱼石脂20克，加水90毫升），每次喂5毫升，每日2~3次，能起到保护胃肠黏膜、减少毒素吸收、调整胃肠功能的作用；也可以应用蒙脱石散或白陶土。

七、犊牛副伤寒

犊牛副伤寒也称犊牛沙门氏菌病，是由鼠伤寒沙门氏杆菌和都柏林沙门氏杆菌引起的一种败血症。本病的潜伏期长短不一，一般1~3周。

【病　原】 引起犊牛沙门氏菌病主要的血清型有2种，即鼠伤寒沙门氏菌和都柏林沙门氏菌。也偶而由其他血清型引起。该菌为革兰氏阴性杆菌，不产生芽孢，无荚膜，有鞭毛能运动的短杆菌。菌体对干燥有一定抵抗力，如在干燥的垫草中可存活8~20周，在低温（-25℃）中能存活10个月，加热60℃经1小时死亡，2%~3%苯酚、5%石灰乳、2%~3%来苏儿等消毒液都能起到较好的消毒作用。

【流行特点】 本病以幼龄牛多发，其中多以10~40日龄犊牛最易感，发病以地方流行为多；成年牛易感性降低，多呈短期或长期带菌者，发病也呈散发型。病牛和带菌牛的胆囊内长期存在有病原菌，并通过粪便排出体外，因此是主要的传染来源。细菌在粪便中能存活 4 个月至 1 年以上。通过病牛的粪便污染的喂奶用具、饮水、犊牛栏、运动场及饲草饲料等，经消化道传播。

【临床症状】 本病潜伏期为 5～8 天，有时较长。根据发病后疾病的严重程度不同，可分急性和慢性 2 种。

1. 急性型 多见于 1 周龄以上的犊牛。病初病犊体温升高至 40～41℃，呈稽留热，呼吸和脉搏增加，精神沉郁，食欲降低或废绝，出现结膜炎和鼻炎；发病后 1～2 天，出现腹泻症状，排黄色或灰黄色、气味难闻的稀粪，内含黏液与黏膜碎片，或血丝，严重者呈血汤样。随着腹泻的发生，病犊迅速虚弱，眼窝凹陷，末梢发凉，喜卧而不愿行走，通常死亡率达 5%～10%，严重者升高至 75%。

2. 慢性型 经急性期而不死的犊牛可转为慢性。腹泻逐渐减轻至停止。食欲时有时无，其主要呈现肺炎和关节炎症状。病牛的两侧鼻孔流出浆液性鼻液，后转为脓性鼻漏，初为干性咳嗽，后变成湿性，呼吸困难，体温时高时低，有肺炎症状。关节肿大，以腕关节和附关节最为明显，跛行。因病程长达月余之久，病犊消瘦，少数在耳尖、尾尖及足端发生缺血性坏死，外观见耳尖、尾尖干涸或脱落。

【病理变化】 主要变化是胃肠道出血性炎症。真胃黏膜弥漫性充血、出血和水肿；小肠下段与结肠出血性炎症；肠系膜淋巴结出血与水肿；肝脏、脾脏肿大，均有坏死灶；肺脏呈小叶性肺炎及坏死灶，腕、跗关节及其附近腱鞘内集有浆液，内含纤维蛋白块。

【诊 断】 根据流行特点、临床症状及病理变化可初步做出诊断。确诊可取病尸肝、脾、肾、肠系膜淋巴结做沙门氏菌的分离培养与鉴定。

【防 治】 治疗原则是消除炎症，防止败血症和酸中毒。

（1）抑菌消炎可使用广谱抗生素和磺胺类药物。新霉素每日

2～3克，分2～3次内服，连用3～5天。金霉素1～2克，口服，每日2～3次。此外也可应用头孢类抗生素和磺胺类药物如磺胺嘧啶、磺胺甲基异噁唑等。

（2）对于腹泻脱水者，可补液体、纠正酸中毒 可用5%葡萄糖生理盐水1 000毫升，20%葡萄糖注射液250毫升，5%碳酸氢钠液150～200毫升，一次静脉注射，每日注射2～3次。也可口服补液盐。

（3）对有肺炎症状者，可用青霉素、链霉素，一次肌内注射，每日注射2～3次。伴有关节炎症时，可用鱼石脂酒精绷带包裹患部，也可向关节腔内注入1%普鲁卡因青霉素15～20毫升。

八、犊牛水中毒

犊牛水中毒是由于犊牛摄取过量水分而引起的以血红蛋白尿为特征的一种代谢性疾病。

【病　因】 犊牛摄取过量水分后，因为犊牛瘤胃不发达，所以，水通过食道沟直接进入真胃和小肠，被肠管迅速吸收进入血管后，分布在肠道的毛细血管内的渗透压一时性的降低。当毛细血管内的渗透压降低到红细胞膜可以耐受限度以下时，红细胞就会破裂，红细胞内的血色素游离出来而引起血红蛋白尿。犊牛之间有个体差异，有人认为犊牛一次饮用占体重8%左右的水时就会发病。如果体重70千克的牛饮用5～6升的水，即可能发病。

【临床症状】 犊牛大量饮水后10～20分钟，可见排出红褐色的血红蛋白尿，体温呈一时性的下降，呼吸及脉搏数减少，继而腹部膨大，精神越来越沉郁，呼吸变得逐渐急速，开始出现呼吸困难、流涎、流泡沫性鼻汁、轻度不安等症状。重症牛临床表现精神高度沉郁、出汗、可视黏膜苍白以及浑身发抖等症状。

【诊　断】 根据临床症状及病史即可确诊。

【防　治】　加强犊牛的饲养管理，尤其是断奶前后的犊牛任其自由饮水，不要限制饮水，饮水一定要清洁。可在日常饮水中加入 0.4%～0.5% 的食盐。

对症治疗：止血敏注射液（酚磺乙胺，规格为 1.25 克）20毫升，肌内注射。10% 磺胺嘧啶钠注射液 200 毫升，20% 安钠咖注射液 5 毫升，30% 安乃近注射液 20 毫升，10% 葡萄糖注射液 500 毫升，生理盐水 500 毫升，一次静脉注射。肌内注射 2～4毫升速尿注射液，促进尿液的排出而解毒。

九、坏死杆菌病

坏死杆菌病是因坏死杆菌引起的各种哺乳动物的一种慢性传染病。犊牛常为坏死性口炎（又称"白喉"）。

【病　原】　坏死梭杆菌为多形性的革兰氏阴性菌，对理化因素抵抗力不强，常用消毒药均有效，但在污染的土壤中和有机质中能存活较长时间。

【流行病学】　本病传染源主要为患病和带菌动物，患病动物的肢、蹄、皮肤、黏膜出现坏死性病变，病菌随渗出的分泌物或坏死组织污染周围环境。反刍家畜胃肠道常见有本菌，病畜粪便中约有半数以上能分离出本菌，沼泽、水塘、污泥、低洼地更适宜于坏死杆菌的生存。

本病主要经损伤的皮肤和黏膜（口腔）感染，新生畜有时经脐带感染。本病多发生于低洼潮湿地区，常发于炎热、多雨季节，一般散发或呈地方流行性。

【症状和病变】　潜伏期数小时至 1～2 周，一般 1～3 天，病型因受害部位不同而有所不同，常见以下 2 种：

1. 坏死性皮炎　其特征为体表皮肤及皮下发生坏死和溃烂，多发生于体侧、头和四肢，初为突起的小丘疹，局部发痒，盖有干痂的结节，触之硬固、肿胀，进而痂下组织迅速坏死，看上去外部病灶虽小，但皮下已形成很大的囊状坏死灶，灶内组织腐烂，积有大量灰黄色或灰棕色恶臭的液体，最后皮肤也发生溃烂，可达十多处。

2. 坏死性口炎 又称"白喉"，多见于犊牛。病初厌食，发热，流涎，流鼻液，气喘。在舌、齿龈、上颚、颊、喉头等处黏膜上附有假膜，粗糙、污秽的灰褐色或灰白色，剥脱假膜，可见其下露出不规则的溃疡面，易出血。发生在咽喉者，有颌下水肿，呼吸困难，不能吞咽，病变蔓延至肺部或转移他处或坏死物被吸入肺内，常导致病牛死亡。病程4～5天，也有的延至2～3周者。

【诊　断】 根据本病的发生部位以肢蹄部和口腔黏膜坏死性炎症为主，坏死组织有特殊的臭味和病理变化，以及跛行、吞咽障碍，结合流行病学调查，可以做出初步诊断。确诊需进行实验室诊断。可在病健组织交界处取材，染色镜检，发现该菌。细菌分离时，最好用含 0.02% 结晶紫、0.01% 孔雀绿和苯乙基乙醇的卵黄培养基（以抑制革兰氏阴性、兼性厌氧菌生长），获得纯培养后再做生化鉴定。

【防　治】 本病无特异性疫苗预防，只有采取综合性防治措施，加强饲养管理，消除发病诱因，避免皮肤和黏膜损伤。平时要保持圈舍环境及用具的清洁与干燥，使地床平整，粪尿污水及时清理，防止牲畜互相啃咬，不到低洼潮湿不平的泥泞牧地放牧，在多发季节，可在饲料中加抗生素类药物进行预防。

牛群中一旦发生本病，应及时隔离治疗。对发病牛舍的粪便和清除的坏死组织要严格消毒。在采用局部治疗的同时，要根据病型不同配合全身治疗，如肌内或静脉注射磺胺类药物及四环素、土霉素、金霉素等抗生素，有控制本病发展和预防继发感染的双重功效。此外还应配合强心、解毒、补液等对症疗法，以提高治愈率。

对"白喉"病牛，应先除去假膜，再用 1% 高锰酸钾冲洗，然后用碘甘油每天 2 次涂搽，直至痊愈，或用硫酸钾轻擦患处至出血为止，隔日 1 次，连用 3 次。

十、牛产气荚膜梭菌肠毒血症

牛产气荚膜梭菌肠毒血症是由产气荚膜梭菌（又称魏氏梭菌）所致牛的一种急性传染病，又称犊牛梭菌性肠炎。临床表现排血样便、肠坏死，病程短和病死率高。

【病　原】　产气荚膜梭菌是革兰氏阳性菌，不能运动，呈厌氧性，有荚膜，无鞭毛，能形成芽孢。形态短粗，两端钝圆，呈杆状。根据产生毒素的种类，将其分为 A、B、C、D 和 E 5 型。引起本病的病原主要是 C 型产气荚膜梭菌，偶尔从犊牛或成年牛中分离到 B 型或 D 型。

C 型产气荚膜梭菌能产生 α - 毒素和 β - 毒素。α - 毒素为溶血素，β - 毒素是能引起肠黏膜发炎和损伤的一种蛋白质，可导致出血性肠炎和肠黏膜溃疡。β - 毒素对胰蛋白酶不稳定，但因幼龄犊牛胰蛋白酶的水平要比较大犊牛的低，因此，本病主要发生于初生不久的犊牛。

【流行病学】　犊牛和幼龄牛对本病最易感。3 周龄以下的哺乳犊牛对 B 型和 C 型菌最易感，而 D 型菌易发生于 4 周龄以上的犊牛，有时也发生于成年牛。7 日龄以下的乳犊牛也能感染 D 型菌而致病。由 A 型所致的肠毒血症可见于各种年龄的牛，最常见发生于 2～16 周龄的犊牛。产气荚膜梭菌广泛存在于土壤、水等外界环境中，又是人和动物胃肠道的常在菌，因其菌型的不同，决定了临床流行的差异。C 型产气荚膜梭菌所致的肠毒血症的流行特点：年龄多见于出生后 2 天至 2 周龄的犊牛，集中于一个养殖场内；偶见有 3 月龄犊牛零星发病的现象。

季节性气温急剧降低，寒冷刺激对犊牛本身是很强的应激，易引起消化功能降低；同样，高温潮湿，对犊牛也是强应激，因此，冬、夏季节易发生本病。

传播途径可分为经口和非经口两种。经口感染多因喂奶工具及奶被病原菌污染，由消化道传播；非经口感染是从创口侵入，犊牛可由脐带感染。

产房及犊牛舍阴暗、潮湿，光线不足、通风不良、褥草不勤换、粪便不及时清除，卫生条件极差而又不定期进行消毒；助产时不消毒，脐带不消毒；病牛不隔离。不严格执行犊牛饲养操作规程，奶桶、奶罐不清洗、不消毒；饲喂患乳房炎病牛牛奶；牛奶不经消毒就马上饲喂犊牛等，均易引起本病的发生。

【临床症状】　C 型菌引起肠毒血症多呈急性或最急性。犊牛出生后精神、食欲尚好，体温正常，多在生后不久突然发病。最急性病例，未见任何症状猝死。急性病例，精神沉郁，不吃奶，皮温不稳，耳、鼻、四肢末端发凉，可视黏膜发绀，腹绞痛，腹部臌气，腹泻，排出暗红色、恶臭粥样粪便，呼吸促迫，体温 39.5～40℃；后期，高度衰弱，卧地不起，虚脱死亡。也有见神经症状，头颈弯曲，磨牙，吼叫，痉挛死亡。

【病理变化】　尸体腐败迅速，血凝不良。可视黏膜苍白。心包出血，心包液浑浊，心外膜出血。腹腔积液呈红色、透明。肝脏肿大，暗红或土红色。胆囊肿大、壁厚，胆汁呈胶冻样。脾脏肿大、充血，切面紫红色，易刮脱。肾脏棕红色，肾乳头出血。肠浆膜充血，表面附黄白色纤维素；肠道呈严重出血性坏死，以空肠最明显，内容物呈血水，肠壁薄，黏膜紫红，条状坏死，表面附糠麸样物；肠系膜淋巴结瘀血、水肿。胃黏膜出血。

【诊　断】　根据临床表现发病突然，多发生在 2～10 日龄犊牛，其特征是臌气、脱水和排出红色黏性粪便；病程短、死亡快，出血性坏死性胃肠炎，可做出初步诊断。确诊需进行实验室诊断，取死亡犊牛小肠内容物、肝脏涂片镜检，分离鉴定病菌，并进行毒素中和试验。

【治　疗】　治疗一般采取静脉注射高免血清 20～50 毫升，

并结合对症治疗。

（1）缓解脱水，静脉补充等渗电解质溶液。常用的有5%葡萄糖生理盐水、0.9%生理盐水和10%葡萄糖溶液、6%右旋糖酐生理盐水等。补充量应以脱水程度而决定，量一定要足。

（2）抗休克，可使用肾上腺糖皮质激素，如地塞米松磷酸钠注射液，10～15毫克，静脉或肌内注射；或氟胺烟酸葡胺，0.25～0.5毫克/千克体重，静脉注射。

（3）消除炎症，防止继发性感染，可用抗生素治疗。

【预　防】　该病发病急、病程短、组织损伤严重、死亡快，一旦发病，药物治疗效果一般不理想，因此应做好预防。具体措施：加强饲养管理，提高日粮粗饲料的比例。加强卫生消毒措施，对产房、犊牛舍及时清扫消毒，定期用2%碱水刷洗；助产时严格消毒脐带；加强挤奶、喂奶消毒卫生，保持挤奶、喂奶用具清洁。在已散发或流行过肠毒血症的牛场，可用产气荚膜杆菌菌苗接种，如不能定型，通常采用含C型和D型混合菌苗，对干奶期牛和妊娠青年母牛免疫接种，产犊前1个月再加强免疫1次，使新生犊牛获得免疫。

十一、破伤风

破伤风又名强直症，俗称锁口风，是由破伤风梭菌经伤口感染引起的一种急性中毒性人兽共患病。临床上以骨骼肌持续性痉挛和神经反射兴奋性增高为特征。

【病　原】　破伤风梭菌为一种大型厌氧性革兰氏阳性杆菌，多单个存在。该菌在动物体内外均可形成芽孢，其芽孢在菌体一端，似鼓槌状或球拍状，多数菌株有周鞭毛，能运动。不形成荚膜。该菌繁殖体抵抗力不强，一般消毒药均能在短时间内将其杀死，但芽孢体抵抗力强，在土壤中可存活几十年。

【病　因】　本菌广泛存在于自然界，人畜粪便都可带有，尤其是施肥的土壤、腐臭淤泥中。感染常见于各种创伤，如断脐、去势、手术、断尾、穿鼻、产后感染等，在临床上有 1/3～2/5 的病例查不到伤口，可能是创伤已愈合或可能经子宫、消化道黏膜损伤感染。本病无明显的季节性，多为散发，但在某些地区的一定时间里可出现群发。幼龄动物的易感性更高。

潜伏期最短 1 天，最长可达数月，一般 1～2 周。潜伏期长短与动物种类及创伤部位有关，如果创伤距头部较近，组织创伤口深而小，创伤深部严重损伤，发生坏死或创口被粪土、痂皮覆盖等，潜伏期缩短，反之则延长。对牛来说，与破伤风有关的最常见的感染部位是新生犊牛的脐带感染、去角伤、阉割伤、去势伤、鼻环伤、橡皮带断尾、蹄底脓肿、打耳号和身体任何部位深的坏死伤、难产继发的外阴或阴道的坏死性损伤及新近产犊母牛严重的子宫炎等。

【临床症状】 最初病牛表现对刺激的反射兴奋性增高，稍有刺激即高举其头，瞬膜外露，接着出现咀嚼缓慢，常常反刍停止，伴有瘤胃臌气。随着病情的发展，出现全身性强直性痉挛、角弓反张的症状。轻者口稍微开张，采食缓慢；重者开口困难、牙关紧闭，无法采食和饮水，由于咽肌痉挛致使吞咽困难，唾液积于口腔而流涎，口臭，头颈伸直，两耳竖立，鼻孔开张，四肢腰背僵硬，腹部卷缩，粪尿潴留，甚则便秘，尾根高举，行走困难，形如木马，各关节屈曲困难，易于跌倒，且不易自行站起，病牛此时神志清楚，有饮食欲，但应激性高，轻微刺激可使其惊恐不安，痉挛和大汗淋漓。末期病牛常因呼吸功能障碍（浅表、气喘、喘鸣等）或循环系统衰竭（心律不齐、心搏亢进）而死亡。体温一般正常，死前体温有的可升至 42℃，病死率 45%～90%。

【诊　断】 根据本病的特殊临床症状，如神志清楚、反射兴奋性增高、骨骼肌强直性痉挛、体温正常，并有创伤史，即可做出初步诊断，确诊一般需找到破伤风梭菌的生长部位，并通过革兰氏染色和培养证明该菌的存在。

破伤风后期病牛的临床症状典型明显，不易和其他疾病混淆，而症状轻微的病例则可能误诊，常见是把由于破伤风梭菌引起的胃肠道臌气误诊为创伤性网胃炎或消化不良，临床上应注意鉴别。

【防　治】　预防主要是防止外伤感染。平时要注意饲养管理和环境卫生，防止家畜受伤。一旦发生外伤，要注意及时处理，防止感染。阉割手术时要注意器械的消毒和无菌操作。在本病常发地区，可对易感家畜定期接种破伤风类毒素。对较大较深的创伤，除做外科处理外，应肌内注射破伤风抗血清1万～3万单位。

治疗首先找到感染部位，彻底清理创口，然后注射抗生素，镇静和止痛，减少刺激，尽量降低破伤风发作时的强直、兴奋和疼痛。

（1）创伤处理：尽快查明感染的创伤和进行外科处理，清除创内的脓汁、异物、坏死组织及痂皮，对创深、创口小的要扩创，以5%～10%碘酊和3%过氧化氢或1%高锰酸钾溶液清洗消毒，再撒以碘仿硼酸合剂，然后用普鲁卡因青霉素做创周注射。

（2）药物治疗：早期使用破伤风抗毒素，疗效较好，剂量为20万～80万单位，分3次注射，也可一次全剂量注入。同时用青、链霉素做全身治疗，每天2次。临床实践上，也常同时应用40%乌洛托品，大牛50毫升，犊牛酌减。当病牛兴奋不安和强直痉挛时，可使用镇静解痉剂。一般多用氯丙嗪肌内或静脉注射，每天早晚各1次。可用25%硫酸镁做肌内或静脉注射，以缓解痉挛。对咬肌痉挛、牙关紧闭者，可用1%普鲁卡因溶液10毫升于开关、锁口穴位注射，每天1次，直至开口为止。

（3）病牛有胃肠臌气时，应插上胃管排出多余的气体，但考虑到操作对病牛的刺激，可以做一个瘤胃瘘管，除了能排出瘤胃内气体外，也可以经其给不能采食和饮水的病牛瘤胃内投放水和优质草料。

（4）中药治疗：

方1：乌蛇45克，金银花45克，防风18克，生黄芪45克，全蝎20克，蝉蜕30克，白菊花30克，酒当归30克，酒大黄30克，麻根30克，天南星25克，羌活25克，荆芥15克，栀子25克，桂枝15克，地龙15克，甘草15克。水煎，加黄酒或白酒250毫升，一次灌服。用于破伤风早期，祛风止痛。

方2：千金散：天麻25克，乌蛇30克，蔓荆子30克，羌活30克，独活30克，防风30克，生麻30克，阿胶30克，何首乌30克，沙参30克，天南星30克，僵蚕20克，蝉蜕20克，藿香20克，川芎20克，桑螵蛸20克，全蝎20克，旋覆花20克，细辛15克，生姜30克。水煎取汁，化入阿胶，候温一次灌服。适用于破伤风中期，祛风镇惊。

方3：天麻散加减：党参30克，黄芪30克，当归30克，玄参30克，双花30克，连翘25克，天麻30克，乌蛇30克，蝉蜕15克，胆南星15克，全蝎10克，蜈蚣3条。水煎，候温一次灌服。

方4：天麻30克，麻黄30克，川芎30克，知母30克，全蝎30克，乌蛇30克，半夏30克，朱砂15克。共研为末，引酒，同煎，候温灌服。功能散风活血，熄风镇痉。

大多数破伤风患牛自诊断之日起14天内都应视为危重病牛。轻型病例1周内可能治愈，但不常见，患牛耐过14天一般可以康复。

第十一章
被皮疾病

一、湿　疹

　　湿疹是上皮细胞对敏化细胞物质的一种炎性反应，是皮肤的真皮乳头层和表皮层的轻型过敏反应。急性型是以红斑、湿润和瘙痒为特征；慢性型以细胞浸润、皮肤增厚和苔藓样硬化为特征。

　　【病　因】　主要由于皮肤卫生差或理化刺激所引起。

　　【临床症状】　典型湿疹可分别见到红斑、丘疹、水疱、脓疱、糜烂等不同阶段。在渗出增多时，可见到患部不断渗出浆液性渗出物，感染后转为浆液脓性。由于病牛不断摩擦或舔舐，使病灶扩大，表面变红或出血，不易愈合。慢性湿疹由急性湿疹持续或反复发作而转成，亦有始终取慢性经过的，其特点是皮肤肥厚、被毛粗刚，同时伴发色素沉着和瘙痒。

　　【诊　断】　根据湿疹症状，如对称性瘙痒以及有复发倾向等情况，可初步做出诊断。临床上注意本病与螨病、霉菌性皮炎、皮肤瘙痒症、皮炎相区别。

　　【治　疗】　治疗原则是清热解毒、脱敏、消炎、祛湿养血。

　　1. 红斑型、丘疹性湿疹　为避免刺激，宜用等量混合的胡麻油和石灰水涂于患部。

　　2. 水疱性、脓疱性、糜烂性湿疹　先剪除患部被毛，用

0.3%高锰酸钾溶液、3%来苏儿、3%过氧化氢、2%明矾水洗涤患部，然后涂布3%～5%龙胆紫、5%美蓝溶液或2%硝酸银溶液、5%碘酊、3%硼酸软膏等。然后撒布氧化锌、滑石粉（1∶1）或碘仿鞣酸（1∶9）等以防腐、收敛和制止渗出。当渗出减少时，可涂布氧化锌软膏或水杨酸氧化锌软膏（氧化锌软膏100克，水杨酸4克）。当呈炎症慢性经过时，涂布可的松软膏或碘仿鞣酸软膏（碘仿10克、鞣酸5克、凡士林100克）。当患牛出现剧痒不安时，可用1%～2%苯酚酒精液涂擦患部。

同时可考虑全身抗生素进行治疗，防止继发感染。脱敏多用抗组胺药物，如苯海拉明和扑尔敏等，也可以用异丙嗪0.25～0.5克，肌内注射，每日1次。或者静脉注射10%氯化钙注射液100～200毫升，或者考虑应用糖皮质激素类药物。

二、疥 癣 病

疥癣病是由于螨虫寄生引起的一种急性或慢性接触性、侵袭性皮肤病。临床以湿疹性皮炎、脱毛及剧痒为特征。

【病　原】　寄生于牛体的螨虫有3种类型，由于生活方式不同，经常发生的部位也不一样。据有关资料报道，引起本病原因最多的是痒螨，其次是足螨，最少的是疥螨。

【生活史】　疥螨和痒螨的全部发育过程都在宿主体上度过，包括虫卵、幼虫、若虫和成虫4个阶段。雌虫在隧道内产卵，卵呈圆形或椭圆形，淡黄色，壳薄，大小约80微米×180微米，产出后经3～5天孵出幼虫。幼虫足3对，生活在原隧道中，经3～4天蜕皮为前若虫。前若虫形似成虫，足4对，但生殖器尚未显现，约经2天后蜕皮成为后若虫。雌性后若虫产卵孔尚未发育完全，但阴道孔已形成，可行交配。后若虫再经3～4天蜕皮而为成虫。疥螨交配发生在雄性成虫和雌性后若虫之间，多在皮肤表面进行。交配受精后的雌螨最为活跃，每分钟可爬行2.5厘米，此时也是最易感染新宿主的时期。雄性成虫大多在交配后不久即死亡；雌性后若虫在交配后 20～30 分钟钻入宿主皮内，蜕皮为雌虫，2～3 天后即在隧道内产卵。

【流行特点】 疥螨以病畜和健畜直接接触而传染，也可以通过被病畜污染过的厩舍、用具等间接接触感染。另外，也可由饲养人员或兽医人员的衣服和手传播。本病主要发生于秋末、冬季和初春。因为在这些季节日照不足，畜体毛长而密，皮肤湿度较高，最适合疥螨发育繁殖。疥螨病开始于牛的头部、颈部、背部、尾根等被毛较短的部位，严重时可波及全身。

【临床症状】 本病无论是哪种类型，其皴裂发痒的程度都很剧烈。病初出现粟粒大的丘疹，随着病情发展开始出现发痒的症状。由于发痒，病牛不断地在物体上蹭皮肤，而使皮肤增加鳞屑、脱毛，致使皮肤变得又厚又硬。如果不及时治疗，一年内会遍及全身，病牛明显消瘦。下面将 3 种类型的症状分述如下：

1. 痒螨 主要寄生在皮肤表面，特别是耳部、臀部、腹部等较严重。本型发痒的程度比疥螨型稍差，但当口器刺入皮肤吸取淋巴液时则剧烈发痒，出现界限比较明显的脱毛斑。其中有散在的丘疹，斑的周围有渗出液渗出，脱毛斑上的痂皮呈黄褐色像贝壳似的附着在皮肤上。根据发痒的程度、痂皮的颜色及不隆起可与其他两类型相区别。

2. 足螨 以采食屑皮及痂皮为生，主要侵害牛的尾根部、肛门、臀部及四肢，有时也发生于背部、胸腹及鼻孔周围。本型是 3 种类型中发痒最轻的一种。但当被大量寄生螨及其排泄物刺激引发变态反应，出现皮炎和湿疹样症状时，则病牛表现剧烈发痒。其脱毛程度比第一种更加明显，具有大面积脱毛的特征。大部分病牛感染后终生不再发病，但一般这类病牛治愈后往往成为传染源。病情严重时皮肤似变态反应性湿疹样流出渗出液，同时伴有充血和出血，治疗后形成像龟裂样的大块痂皮，有时可波及全身。

3. 疥螨 主要寄生于表皮，并在其中挖掘虫路，吸取营养。最初发生在头、颈部，逐渐蔓延到肩部、背部及全身。这种类型在牛来说极少见，由于螨虫在皮肤的表皮挖掘虫路，所以在3种类型中是发痒最剧烈的一种。

【诊　断】根据临床症状及疾病流行情况，刮取皮肤组织发现病原进行确诊。方法是用经过火焰消毒的凸刃小刀，涂上50%甘油水溶液或煤油，在皮肤的患部与健部的交界处用力刮取皮屑，一直刮到皮肤轻微出血为止。刮取的皮屑放入10%氢氧化钾或氢氧化钠溶液中煮沸，待大部分皮屑溶解后，经沉淀取其沉渣镜检虫体。亦可直接在待检皮屑内滴少量10%氢氧化钾或氢氧化钠制片镜检，但检出率较低。无镜检条件时，可将刮取物置于平皿内，在热水上或在日光下加热，将平皿放在黑色背景上，用放大镜仔细观察有无螨虫在皮屑间爬动。

【防　治】首先要改善饲养管理，保持牛舍的通风干燥，坚持每天刷拭，保持牛体卫生，破坏螨虫生长、繁殖的条件。如果发现病牛应立即采取措施，进行隔离治疗；对被螨侵袭的牛群，在暖和的季节里，应采取预防性治疗措施杀灭虫体，防止入冬后病情蔓延。

治疗应首先将毛剪掉，清除尘土污垢及浮着的痂皮，再用温和的来苏儿水、肥皂水或草木灰水等刷洗病部或全身，必要时应湿透后稍待片刻，使痂皮软化再用木刀刮去痂皮，操作时注意尽量勿出血，刷洗干净后待表面干燥，即可涂药治疗。涂药后的病牛须隔离饲养，注意护理，特别是在严寒季节要防冻。工作人员的衣服及器械、场所等均须彻底清扫、洗刷及消毒。清除下来的所有杂物均可能带虫体或虫卵，一定要收集起来烧掉，以防散虫造成传播。

治疗药物有克辽林擦剂、5%敌百虫溶液。此外，亦可应用溴氰菊酯（倍特）等药物，按说明使用。现在常用1%伊维菌素注射液，1毫升/50千克体重，皮下注射，每个皮下注射点不应超过 10 毫升，每周 1 次，屠宰前 35 天禁用。

三、牛毛包虫病

本病是由于牛毛囊脂螨寄生在毛囊内而引起的皮炎。

【病　原】　本病主要病原是牛毛囊脂螨，在一个毛囊中可繁殖 100～200 只螨，由于该螨蚕食毛囊的囊壁和组织，所以，毛的根鞘被破坏，导致脱毛，毛囊内充满组织液、脂肪等，在皮肤上生成粟粒大至豌豆大的结节。

本病的发生主要是由于病畜与健畜互相接触，通过皮肤感染。地区不同发病率也有很大差异。临床上主要是母牛传染给犊牛，如果母牛感染本病，其犊牛也 100% 感染。感染螨虫的数量增加后，任何时候都可引起发病。一般认为，成年母牛比犊牛发病率高。

【生活史】　毛囊脂螨的发育过程包括卵、幼虫、前若虫、若虫和成虫五个阶段。全部发育阶段均在宿主体上进行。雌螨产卵于宿主的毛囊和皮脂腺内。卵无色半透明，呈蘑菇状，自前端向后逐渐增宽，长 0.07～0.10 毫米。虫卵经 2～3 天孵出幼虫。幼虫经 1～2 天蜕皮变为前若虫。前若虫经 3～4 天蜕皮变为若虫。若虫经 2～3 天蜕皮变为成螨。整个生活史需 14～15 天。它们多半先寄生在发病皮肤毛囊底部，很少寄生于皮脂腺内。

【临床症状】　本病多发部位是牛的头部、颈部、胸部、肩部等牛体的前半部，症状加重后在臀部、腿部、股部等都可出现，甚至遍及全身。主要表现密集的小结节和深入皮肤中的结节。病初在粟粒大的结节中，由毛孔中渗出液体，这些液体将被毛牢牢地粘在皮肤上，而且呈干燥状态，用手指捻压，毛就会变为黄褐色粉末，但豌豆大的结节见不到渗出液。据国外有关资料报道，有的牛毛包虫病由于结节化脓或因螨虫过度的繁殖而自行破溃，严重的也可使相连的结节发生自溃，导致皮肤发生皲裂，引起严重的皮炎。由于皮肤被破坏，使皮革在利用上受到很大程度的限制。

【诊　断】　根据皮肤上出现从粟粒大到豌豆大的结节，而且没有发痒症状的特征不难做出初步诊断，结合皮下发现毛囊脂螨即可确诊。

【防　治】　发现患牛时，首先应进行隔离，并消毒一切被污染的场所和用具，同时加强对患牛的护理。

治疗时可采用以下的药物：5%福尔马林，浸润患部5分钟，隔3天1次，共5～6次；14%碘酊，涂抹6～8次；1%伊维菌素注射液，1毫升/50千克体重，皮下注射，7～10天后再重复用药1次，以杀死新孵出的幼虫（注意：肉用牛在屠宰前35天内、产奶牛在产奶期禁止用此药）。同时根据病情应用抗生素及抗过敏药物。

四、光线过敏症

光线过敏症是指皮肤内的感光物质在日光的直接照射下，引起无色素、无毛至稀毛皮肤处的一种急性炎症。临床特征是皮肤出现红斑、渗出、疹块、坏死、溃疡和剥落等。

【病　因】　光线过敏物质沉积于皮肤，主要有以下几个原因：①将光线过敏物质吸收到体内，这主要是给予荞麦、灰菜和小连翘草等之类的含光线过敏物质的饲料，被食入后在体内变为光线过敏物质的因子。另外由于某些含有引起光线过敏的药物进入体内，例如给予吩噻嗪、注射含有光线过敏物质的吖啶黄和美蓝等药物。②光线过敏物质在体内产生，是由于遗传造成体内缺乏某种酶和产生过剩的光线过敏物质卟啉沉积于皮肤所致。③光线过敏物质向体外排泄发生障碍，在牛的消化道内平时饲料中的叶绿素被分解，而光线过敏物质将叶绿素变为叶绿胆紫素，这些叶绿胆紫素吸收入血液中，然后沉积于皮肤上。

【临床症状】 皮肤病变仅限于白毛部位，黑毛部位与其界限处非常明显。发病1～2天后，白毛部位皮肤发红肿胀，局部有热感，触之疼痛。其肿胀隆起程度高于正常皮肤，由于是皮肤炎症产物，所以病变部位大多发黏。这些症状多见于背部的白毛部位，其次是腹部和乳房等部位。病情加重后（3～7天），病变更加严重，皮肤的深层组织坏死。舍饲的轻症病例，表皮呈小片状逐渐脱落而恢复。重症病例皮肤变得红黑，逐渐变硬，呈板状裂纹而脱落。有时局部有出血症状，不久便会恢复。除皮肤病变外，重症病例可见发热，精神沉郁，食欲不振，呼吸急促，下痢或便秘，泌乳量急剧下降，黄疸，黏膜发绀，出现疝痛及蹄叶炎等症状。

【诊　断】 根据牛在放牧或在舍外饲养被日光暴晒后，白色部位的皮肤突然红肿发痒、发炎，最终病变部位脱落、坏死的症状，可以确诊。

【防　治】 平日不饲喂含致病因素的饲料，避免到多发本病的牧场去放牧；发病后将其他的牛移到舍内或到其他放牧场地；注射荧光色素或给予吩噻嗪后，至少要在舍内饲喂3天。将放牧地安排在阴凉的地方，避免阳光直射，尽量早晚光照不强时放牧。

治疗原则是解毒、保肝，抗炎、抗过敏。

（1）20%硫代硫酸钠注射液50～100毫升，静脉注射，每6～12小时注射1次，或灌服硫代硫酸钠，0.5～1.0克/千克体重。

（2）盐酸苯海拉明0.1～0.5克，肌内注射。氢化可的松0.2～0.5克，一次静脉注射。

（3）静脉注射葡萄糖溶液或复方氯化钠溶液3 000～5 000毫升，在溶液中可加保肝剂和维生素 K_3。

（4）对皮肤破损严重、体温升高的病牛，应注射抗生素（青霉素、链霉素等）药物。

（5）对于局限性皮肤损伤，在剪毛并清除痂皮和渗出液后，用2%硼酸溶液清洗干净，再用氧化锌油膏（氧化锌25.0克，蓖麻油 55.0 毫升，液体石蜡 20.0 毫升）或碘化硫黄油膏（硫黄 20.0 克，碘片 80.0 克，花生油加至 1 000 毫升）外涂。

五、牛皮蝇蛆病

牛的皮蝇蛆是由狂蝇科、皮蝇属的牛皮蝇和纹皮蝇的幼虫寄生于皮下组织所引起的一种慢性寄生虫病。这两种皮蝇蛆病常同地发生，牛体也同时感染。

【病　原】　病原为牛皮蝇或纹皮蝇，二者形态大同小异，成蝇均形似蜜蜂，大小在 13～15 毫米。一、二、三期幼虫也大同小异，其中三期幼虫体粗壮，长可达 26～28 毫米，棕褐色，体分 11 节，体表满是疣状带刺的结节。

【生活史】　成蝇活动产卵时间，纹皮蝇在 4～6 月份，牛皮蝇在 5～8 月份。牛皮蝇产于牛腿下部毛上的卵，经 4～7 天后孵出幼虫，幼虫沿毛孔钻入皮肤到牛体内，在腰荐部椎管或食道黏膜下发育约 5 个月。然后变为二期幼虫，多在下一年的春季到达背部皮下，在背部皮下蜕变为三期幼虫。三期幼虫发育成熟后，溶解皮肤，钻孔蹦出，在背部皮下停留 2～3 个月。三期幼虫落入土壤后经 3～4 天的蛹化。蛹经 1～2 个月羽化为成蝇。成蝇不采食，在外界只能生活 5～6 天，飞翔攻击牛，在其身上产卵。幼虫在牛体内寄生 10～11 个月，整个生活史约 1 年左右。

【临床症状】　三期幼虫在牛背皮下寄生时，可引起局部瘤状肿胀，形成指头大的隆起，隆起上有绿豆大的小孔作呼吸孔。幼虫钻入皮肤可引起病牛瘙痒、恐惧不安和局部疼痛，影响休息和采食。幼虫在牛体内长期移行，严重影响牛皮的商用价值。皮蝇蛆的毒素使牛的血液和血管壁受到损害，因此出现贫血、消瘦、产奶量下降，严重感染时可导致病变部位血肿和皮肤蜂窝组织浸润。当成蝇的雌虫产卵时，引起牛不安、恐惧、瞪目、竖尾而奔跳、摇尾、蹴踢等症状。日久出现采食减少，身体消瘦，有的可造成外伤和流产。

【诊　断】　当皮蝇幼虫移行到牛背部皮下时，在牛背部皮下可摸到长圆形的结节，在皮肤上可观察到小孔，以后可在结缔组织囊内找到幼虫，所以较易确诊。

【防　治】　消灭本病的关键就是除掉在牛背部皮下的幼虫，使其不再变成为蝇。在春季检查牛背时，发现牛皮肤上的皮孔增大，可看到幼虫的后端，以手指用力挤出虫体并用敌百虫杀死。或在每个肿胀处注入2％敌百虫溶液，效果很好。在严重的流行区，每年冬季用10％敌百虫溶液，每千克体重30～40毫克，肌内注射；也可用倍硫磷，按每千克体重4毫克，肌内注射，杀虫率可达82％以上。

中药治疗：葫芦茶60克，陈石灰15克，共捣烂敷封患处。

六、牛　痘

牛痘是由牛痘苗病毒或牛痘病毒所引起的传染病。主要发生于牛乳房或乳头上，呈现局部痘疹，个别病例也出现全身感染。

【病　原】　痘苗病毒和牛痘病毒同属于正痘病毒属，能感染多种动物，主要发生于奶牛。各种禽痘病毒与哺乳动物痘病毒间不能交叉感染或交叉免疫，但各种禽痘病毒之间在抗原性上极为相似，且都具有血细胞凝集性。其他属的同属病毒各成员之间也存在着许多共同抗原和广泛的交叉中和反应。

【流行特点】　本病主要经呼吸道感染，也可通过损伤的皮肤或黏膜感染。饲养管理人员、护理用具、皮毛、饲料、垫草和外寄生虫等都可成为传播的媒介。本病多发生于冬末春初，气候严寒、饲草缺乏和饲养管理不良等因素都可促使发病和加重病情。

此外牛群中有牛痘病毒存在，人就可能发生痘病，常发生于挤奶工人，可在手、臂、甚至脸部发生痘疹，通常都能自愈。

【临床症状】　痘病毒对皮肤和黏膜上皮细胞具有特殊的亲和

力，病毒侵入机体后，先在网状内皮系统增殖，而后进入血液（病毒血症），扩散至全身，在皮肤和黏膜的上皮细胞内繁殖，引起一系列的炎症过程而发生特异性的痘疹。

潜伏期4～8天。病牛体温轻度升高，食欲减退，反刍停止，挤奶时乳头和乳房敏感，不久在乳房和乳头（公牛在睾丸皮肤）上出现红色丘疹，1～2天后形成约豌豆大小的圆形或卵圆形水疱，疱上有一凹窝，内含透明液体，逐渐形成脓疱，然后结痂，10～15天痊愈。若病毒侵入乳腺，可引起乳房炎。

【诊　断】典型病例根据临床症状、病理变化和流行情况不难诊断。对非典型病例，可采取丘疹组织涂片，用姬姆萨或苏木紫－伊红染色，镜检胞质内的包涵体，前者包涵体呈红紫色或淡青色，后者包涵体呈紫色或深亮红色，周围绕有清晰的晕。

【防　治】平时加强饲养管理，抓好秋膘，特别是冬春季适当补饲，注意越冬保暖防寒。本病尚无特效药，常采取对症治疗等综合性措施。

注意挤奶卫生，发现病牛及时隔离。发生痘疹后，局部治疗可用各种软膏（如氧化锌、磺胺类、硼酸或抗生素软膏）涂抹患部，促使愈合和防止继发感染。

七、皮肤真菌病

本病是由多种皮肤真菌引起的牛皮肤、指（趾）甲、蹄等角质化组织的损害，形成癣斑，表现脱毛、脱屑、渗出、痂块及有痒感等症状。

【病　原】病原体主要是毛癣菌属及小孢霉菌属。皮肤真菌对外界具有极强的抵抗力，耐干燥，100℃干热1小时方可致死。但对湿热抵抗力不太强。对一般消毒药耐受性很强，1%醋酸需1小时，1%氢氧化钠数小时，2%福尔马林半小时才能致死。

【流行病学】本菌可依附于动植物体上，停留在环境或生存于土壤之中，在一定条件下，可感染人、畜。常见于病、健畜间接触传染，或使用污染的刷拭用具、挽具、鞍具，或系留于污染环境之中的真菌，通过搔痒、摩擦或蚊蝇叮咬，从损伤的皮肤发生感染。

发病一般无年龄和性别差异，幼年较成年易感。动物营养缺乏、皮肤和被毛卫生不良，环境气温高，湿度大等均利于本病传播。本病全年均可发生，但一般以秋末至春初舍饲期发病较高。

【临床症状】 真菌孢子污染损伤的皮肤后，在表皮角质层内发芽，长出菌丝，蔓延深入毛囊。由于霉菌产生的角质蛋白酶能溶解和消化角蛋白，而进入毛根，并随毛向外生长，受害毛发长出毛囊后很易折断，使毛发大量脱落形成无毛斑。由于菌丝在表皮角质中大量增殖，使表皮很快发生角质化和引起炎症，结果皮肤粗糙、脱屑、渗出和结痂。

牛多数是由疣毛癣菌、须毛癣菌及马毛癣菌等所致。病变常见于（特别是在青年牛）头部（眼眶、口角、面部）颈和肛门等处，以痂癣较多。病变开始为小结节，上有些癣屑，逐渐扩大呈隆起的圆斑，形成灰白色石棉状痂块，痂上残留少数无光泽的断毛。癣痂小者如铜钱（又称钱癣），大者如核桃或更大，严重者，在牛体全身融合成大片或弥散。在病早期和晚期都有剧痒和触痛，患牛不安、摩擦、减食、消瘦、贫血以致死亡。也有的病例，开始皮肤发生红斑，继而发生小结节和小水疱，干燥后形成小痂块。有的毛霉菌还可侵及肺脏。

【诊 断】 根据局部皮肤有界限明显的癣斑，被以鳞屑、结痂或丘疹、水疱和表皮糜烂，伴有不同程度的瘙痒，可做出初步诊断。

确诊应做微生物学检查。可刮取皮肤碎屑，拔取脆而无光粘有渗出物的被毛，剪下癣痂或刮取皮肤鳞屑置于玻片上，加入10%氢氧化钠一滴，盖玻片覆盖（必要时，微加温使标本透明），用低倍和高倍镜观察有无分枝的菌丝及各种孢子。

【防　治】　平时应加强饲养管理，搞好栏圈及畜体皮肤卫生。发现病牛应全群检查，患牛隔离治疗。牛舍可用2%氢氧化钠或0.5%过氧乙酸消毒。

病牛治疗，局部先剪毛，用肥皂水洗痂壳或直接用以下药物：10%水杨酸酒精或油膏，每天或隔天外用。3%来苏儿洗后涂10%浓碘酊。苯酚150毫升，碘酊250毫升，水合氯醛100毫升，混合外用，每日1次，共用3次，用后即用水洗掉，涂以氧化锌软膏。水杨酸60毫升，苯甲酸120毫升，苯酚20毫升，敌百虫50克，凡士林1000克，混合外用。10%福尔马林软膏，外用。水杨酸500毫升，鱼石脂500克，硫黄4000克，凡士林6000克，混合制成软膏，用时先将痂皮清除，再以肥皂水洗净，然后每隔3天涂药1次，一般4次可愈。硫酸铜粉250克，凡士林750克，混合制成软膏，外用，隔5天1次，2次即可收效。口服灰黄霉素或皮下注射伊曲康唑等抗真菌药物。

八、乳头样肿

本病是由乳多泡病毒感染而发生在皮肤、黏膜上的一种疣，通常是个体发生，但也有群发的报道。一般认为由于与病牛的接触和皮肤的擦伤而使病毒侵入牛体而引起感染，也有的由于使用消毒不彻底的注射器而传播。

【临床症状】　该病是发生在皮肤、黏膜上的一种疣。疣多发生于乳房、肛门周围、阴门及腹下部，也可以发生于全身任何一个部位。疣增生时，根呈细茎状，大多呈结节状、乳头状及蘑菇状，大小程度不一，外观特征是干燥角化的菜花状，另外也偶见肿瘤状的。

【诊　断】　根据临床症状即可做出确诊。

【防　治】　发现病牛应立即进行隔离治疗，避免接触非感染牛。

皮下注射用自身疣组织制作的灭活疫苗较为有效。间隔1～2周接种2次，牛体表、阴茎的疣在3～6周可以治愈，乳头上的疣30%不能治愈。对本病的药物治疗主要是涂布腐蚀剂（10%福尔马林，1%～5%氢氧化钠和砷制剂）或碘甘油，但都没有明显的疗效，另外也有外科摘除法，据有关资料报道，如果切除1～2个疣后，残留的疣就会逐渐消失，但是，由于疣在初期含有病毒，所以，应注意不要接触其他部位，以免感染。

第十二章
外科疾病

一、蜂窝织炎

蜂窝织炎是皮下及其下部软组织的一种急性化脓性炎症。

【病　因】　蜂窝织炎发生于皮下及其下部软组织，范围比脓肿大，不形成包膜，能向周围扩散。常见于各种外伤感染或附近化脓灶的扩散而引起，也有因注射刺激性药物或无菌操作不严而引发。一般牛床和垫草上都存在链球菌、葡萄球菌及其他的化脓菌，由于外伤使细菌侵入而感染发病。一般受到刺伤或在放牧中引起的外伤等都是细菌侵入的原因。

【临床症状】　临床上分局限性和弥漫性两种：第一是局限性蜂窝织炎：局部增温、疼痛明显，皮肤紧张，呈局部急性肿胀。第二是弥漫性蜂窝织炎：发展特别迅速和剧烈，能很快向周围组织蔓延。受伤的部位如果在牛体的上部时，肿胀则迅速向下扩展，出现体温升高、食欲减退等全身症状。

【诊　断】　根据临床症状，如触诊局部皮肤紧张，疼痛剧烈，随着病情的发展，患部肿大，有明显的突出部分，触诊局部皮肤有波动性，切开患部流出灰白色带血样脓汁等可确诊。

【治　疗】　一旦确诊最好马上进行手术，切开皮肤，使大量的脓汁和腐败物流出，用3%过氧化氢冲洗，再用生理盐水洗净，最后用0.1%高锰酸钾溶液冲洗。处理干净后，全身应用抗生素

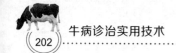

治疗，连用 5～7 天，直到痊愈。

二、蹄叶炎

蹄叶炎是蹄壁真皮弥散性无菌性炎症，又名蹄壁真皮炎。

【病　因】　本病在临床上根据发病情况可大致分为4种类型。

1. 过食性蹄叶炎　过多的给予精饲料和育肥用配合饲料，饲料突变或偷吃精饲料等引起瘤胃酸中毒的时候，瘤胃内的异常发酵导致大量的乳酸和组织胺形成。这些乳酸和组织胺作用于分布在蹄组织上的毛细血管，引起淤血和炎症，刺激局部的神经而产生剧烈的疼痛。

2. 产褥性蹄叶炎　发生于分娩后 1 周以内，由于胎衣不下、子宫内膜炎引起蛋白质异常分解，产生的以组织胺为主的炎症产物被吸收，引起上述同样的病变。

3. 负重性蹄叶炎　由于长途运输，在坚硬的路面和石头铺的凹凸不平的路上行走及坚硬的牛床上长时间的起卧等，蹄底受到剧烈的机械性的损伤而引起。

4. 过敏性蹄叶炎　由于接种疫苗，患全身性的光线过敏症、化脓性疾病及多发性关节炎等继发而引起。

【临床症状】　本病多呈急性经过。病初患牛出现体温升高，心音亢进，脉搏和呼吸数增加，食欲不振和乳量下降等症状。急性型严重时，病牛起立和运动困难，呈独特的强拘步态，大多呈横卧姿势。轻症病例不爱运动，表现特有的步态和弯背姿势，蹄温高，叩诊及钳压疼痛，特别是蹄前部明显。慢性型大多是急性型继发而来的，蹄的疼痛与急性型相比明显减轻，但仍可见步态呈独特的强拘步态、关节肿大、拱背等症状。另外，蹄的形态明显改变，呈典型的"拖鞋蹄"，即背侧缘与地面形成小的角度，蹄扁阔而变长。并发感染时，蹄底角质和真皮组织坏死，蹄轮异常，蹄尖狭窄而蹄踵增宽，蹄尖壁的角质增厚，成为芜蹄。

小龄育肥牛大多在6～9月龄时，由于为了育肥多给精饲料，体重急剧增加，过度负重而患蹄叶炎。

　　【诊　断】　根据临床症状容易做出诊断。

　　【防　治】　首先应加强饲养管理，避免突然多给精饲料，饲料的变换要在10～14天内逐渐过渡；育肥饲料中的全纤维量至少也要14%以上，乳牛至少18%以上，防止瘤胃酸中毒。

　　1. 急性蹄叶炎治疗　发病初期泻血3 000～5 000毫升；大剂量给予抗组织胺药，如苯海拉明0.5～1.0克，每天1～2次；大量静脉注射碳酸氢钠、葡萄糖、复方氯化钠溶液；肌内注射维生素 B_1；给予肾上腺皮质激素，如可的松注射液；灌服健康牛的瘤胃液6～8升。

　　2. 慢性蹄叶炎治疗　除上述疗法外，应重视蹄的温浴，注意修蹄。出现蹄踵狭窄或蹄冠狭窄时，可锉薄狭窄的蹄壁角质，缓解压迫。

　　3. 中药疗法　运用中药治疗宜消积宽肠、活血顺气、行瘀止痛。当归30克，茵陈25克，没药25克，红花15克，白药子15克，黄药子15克，桔梗15克，柴胡15克，陈皮15克，杏仁18克，甘草15克。共研成末，开水冲调，候温灌服，每天1剂，连服5天。

三、腐蹄病

　　牛腐蹄病是一种以蹄真皮或角质层腐败、蹄间皮肤及深层组织腐败化脓为特征的局部化脓坏死性炎症。

　　【病　因】　本病与牛年龄无关，是发病率最高的蹄病。圈舍和运动场不洁，肢蹄长期处于污泥粪尿中，蹄叉角质长期受到浸泡；修蹄技术不佳，不按时清洁蹄底或挖蹄；在放牧中由于碎石子或草木楂等所引起的趾间外伤而引起；修蹄不及时，造成蹄角质过长，或修蹄过度，蹄踵过高，使蹄叉开张功能减弱，蹄部血

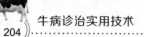

液循环不良。另外，先天蹄质和蹄形不好的牛易患此病。

该病病原菌有梭形杆菌属的厌氧性菌、葡萄球菌、链球菌、棒状杆菌属化脓性细菌、真菌等。

【临床症状】 病牛发病初期可见到极其轻微的跛行，蹄叉中沟和侧沟出现角质腐烂、脆弱，趾间的皮肤腐败，发出难闻的臭味。症状加重后，腐败症状向坚硬的蹄壁内侧渗入，化脓向蹄冠部以及关节部发展，导致病牛出现跛行，加重钳压有疼痛反应。

【防　治】 在日常的饲养管理中要细心观察牛蹄部，如果发现蹄叉间的污物，小石子等异物，应及时清理；每日向牛床位地面上撒生石灰也有一定预防效果。

治疗重点是刮去趾间的变性组织，保持病灶局部干燥。先除去患部的污物，刮除腐烂组织，用3%氢氧化钠溶液清洗患部，再用酒精棉球擦干，撒布高锰酸钾粉或注入少量5%碘酊。以上药物，初期2～3天换药1次，以后根据病情可3～5天换药1次。对于重症病例，在进行局部处置的同时，要肌内注射青霉素、盐酸土霉素注射液等抗生素。

四、蹄皮炎

蹄皮炎，又名蹄疣、毛状蹄踵疣、蹄趾疣、草莓状蹄、蹄踵树莓瘤、疣性皮炎等，指发生在趾间隙、蹄踵（蹄球），以及趾间隙后缘之上的皮肤表皮炎症。

【病　因】 引起该病的真正病原尚未完全确定。有报道认为是病毒感染，欧美学者认为螺旋菌是主要致病菌，但蹄皮炎病变组织中还含有多种其他细菌。牛舍、牛床及运动场环境的卫生和舒适程度和本病发生有很大的关系。憩息环境潮湿泥泞和饲养管理不到位是引发蹄皮炎的潜在原因，使用浴蹄池、有防滑槽的水泥地面，以及牛场修蹄设备未彻底清洁和消毒也是引发本病的原因。在泌乳早期，蹄皮炎发病率最高。

【临床症状】 蹄皮炎通常发生在后蹄跖面靠近趾间隙的皮肤处，或在蹄踵的皮肤角质结合处。发生在前蹄时，通常靠近悬蹄或紧接蹄背侧（前方）趾间隙。病灶一般呈圆形或椭圆形，边界清晰可见。病灶边缘周围往往环绕着过度生长的毛发。上皮组织并未过度增生的慢性蹄皮炎，通常病变处增厚并呈颗粒状表面。外形呈草莓或树莓状（因此本病俗称草莓状蹄、蹄踵树莓瘤），外表潮湿。

患牛病变处非常柔嫩敏感，即使轻微触碰，也容易引致极度疼痛和轻度乃至中度出血，所以患牛会改变站姿或步态，以避免病变处与地面或其他物体直接接触。长期下去会导致患蹄负重面的异常磨损。例如：当病变发生在跖面趾间隙时，常导致患牛将负重向蹄尖转移，导致蹄趾趾尖部分磨损，蹄踵磨损则减少；当病变发生在蹄背一侧（蹄前侧），患牛会改变站姿和蹄的负重位置，从而导致蹄趾趾尖部分过度生长和蹄踵磨损更多。

该病特征为严重蹄踵糜烂或蹄踵角质过度生长，毛状突出部分呈白色、灰色或褐色的角质化皮肤，还会有一些呈红色的（草莓状）脱皮褥疮。

【诊　断】 根据患牛站姿或步态异常，结合患病部位的特殊病变，一般容易诊断。

【防　治】

（1）手术切除：将患牛保定后手术切除病变处，然后在局部应用盐酸土霉素，用绷带包扎患部。

（2）定期对牛群进行蹄浴，但是必须要保证及时补充或更换蹄浴液，一般不超过50头牛蹄浴就要更换蹄浴液。

（3）局部外敷或喷涂各种消毒剂和抗生素。该方法虽然治疗效果明显，但是耗用劳力多，而且药液通常不能喷涂到趾间隙病变处。

（4）全身给予抗生素治疗。

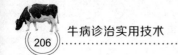
五、日 射 病

日射病是动物在炎热的季节中，头部持续受到强烈的日光照射而引起的中枢神经系统功能严重障碍疾病，也称为中暑。

【病　因】　在炎热的盛夏，由于在放牧过程中牛的头部直接暴露于强烈日光下而发生脑神经功能紊乱而引起。

【临床症状】　病牛体温超过40℃时即表现精神沉郁，运步缓慢、步态不稳、呼吸加快，全身大汗；当体温超过42℃时，多数病牛昏迷或昏睡，卧地不起，意识丧失，呼吸浅表、急速，结膜发绀，血液黏稠，口吐白沫，鼻喷白色或粉红色泡沫，在痉挛发作中死亡。

【治疗】

1. 物理疗法　将病牛尽快移到阴凉、通风的地方，保持安静，多给清凉饮水，同时用冷水浇身。

2. 药物疗法　用氯丙嗪肌内注射或混于生理盐水中静脉滴注；为防止肺水肿，静脉注射地塞米松20～50毫克。对心力衰竭的病牛，可适当给予强心剂。

3. 中药治疗

方1：茯神散：茯神40克，朱砂10克，雄黄15克，香薷40克，薄荷30克，连翘35克，玄参35克，黄芩30克。共研为末，开水冲调，加猪胆1个，一次灌服。

方2：清暑香薷汤：香薷30克，藿香30克，青蒿30克，炙杏仁30克，知母30克，陈皮25克，滑石60克，石膏90克。水煎，候温一次灌服。

方3：牛黄3克，麝香3克，珍珠3克，冰片3克，硼砂3克，雄黄25克，火硝1克，金箔1克。共研为末，冲服。功能清心解暑，通关开窍。

方4：清暑散：香薷30克，白扁豆30克，麦冬25克，薄荷 15 克，木通 15 克，皂角 15 克，藿香 30 克，茵陈 25 克，菊花 30 克，石菖蒲 25 克，金银花 30 克，茯苓 25 克，草 15 克。共研为末，开水冲调，候温灌服。功能清热祛暑。主治牛中暑。

方 5：鲜蚯蚓 250 克，白糖 250 克。将蚯蚓洗净放入盆内，加入白糖，蚯蚓即化为水。灌服。功能清热利水，生津止渴。

方 6：鸡蛋清 10 个，白矾 60 克。鸡蛋去黄取清，白矾研末或加水溶化，调和灌服。功能清热解毒，消痰利咽。主治牛轻度中暑。

农业部公布的一、二、三类
牛疫病病种名录（部分）

2008 年 12 月 11 日农业部 1125 号公告

一类动物疫病（17 种）

口蹄疫、猪水疱病、猪瘟、非洲猪瘟、高致病性猪蓝耳病、非洲马瘟、牛瘟、牛传染性胸膜肺炎、牛海绵状脑病、痒病、蓝舌病、小反刍兽疫、绵羊痘和山羊痘、高致病性禽流感、新城疫、鲤春病毒血症、白斑综合征。

二类动物疫病（77 种）

多种动物共患病（9 种）：狂犬病、布鲁氏菌病、炭疽、伪狂犬病、魏氏梭菌病、副结核病、弓形虫病、棘球蚴病、钩端螺旋体病。

牛病（8 种）：牛结核病、牛传染性鼻气管炎、牛恶性卡他热、牛白血病、牛出血性败血病、牛梨形虫病（牛焦虫病）、牛锥虫病、日本血吸虫病。

三类动物疫病（63 种）

多种动物共患病（8 种）：大肠杆菌病、李氏杆菌病、类鼻疽、放线菌病、肝片吸虫病、丝虫病、附红细胞体病、Q 热。

牛病（5 种）：牛流行热、牛病毒性腹泻/黏膜病、牛生殖器弯曲杆菌病、毛滴虫病、牛皮蝇蛆病。

附录二

牛正常生理参数及血常规生化参考范围

附表1 牛正常生理参数

	体温（℃）	脉搏（次/分）	呼吸（次/分）	尿液 pH 值	尿比重
奶 牛	37.5～39.5	50～80	10～25		
黄 牛	37.5～39.0	50～80	10～25	7.7～8.7	1.015～1.050
水 牛	36.5～38.5	30～50	10～30		

注：尿液 pH 值和尿比重是牛的数值，参考《兽医临床诊断学》

附表2 奶牛血常规参考范围

参 数	参考范围	参 数	参考范围
白细胞数	$5.0 \times 10^9 \sim 16.0 \times 10^9$/L	中性粒细胞数	$2.3 \times 10^9 \sim 9.1 \times 10^9$/L
淋巴细胞数	$1.5 \times 10^9 \sim 9.0 \times 10^9$/L	淋巴细胞百分率（%）	20.0～60.3
单核细胞数	$0.3 \times 10^9 \sim 1.6 \times 10^9$/L	单核细胞百分率（%）	4.0～12.1
中性粒细胞百分率（%）	30.0～65.0	血小板数目	$120 \times 10^9 \sim 820 \times 10^9$/L

续附表 2

参 数	参考范围	参 数	参考范围
红细胞数	$5.0 \sim$ $10.10 \times 10^{12}/L$	平均血小板体积	$3.8 \sim 7.0$ fL
血红蛋白	$90 \sim 139$ g/L		
红细胞压积（%）	$28.0 \sim 46.0$		
平均红细胞体积	$38.0 \sim 53.0$ fL	血沉（魏氏法）	0.3mm/15min 0.7mm/30min 0.75mm/45min 1.2mm/60min
平均红细胞血红蛋白含量	$13.0 \sim 19.0$ pg		
平均红细胞血红蛋白浓度	$300 \sim 370$ g/L		
红细胞分布宽度变异系数（%）	$14.0 \sim 19.0$		

注：血常规数据来源于迈瑞血球计数仪参考值；血沉数据参考《兽医临床诊断学》

附表 3 奶牛生化指标参考范围

项 目		美国单位		国际单位	
ALB	白蛋白	$2.5 \sim 3.5$	g/dL	$25 \sim 35$	g/L
ALKP	碱性磷酸酶	$28 \sim 233$	U/L	$28 \sim 233$	U/L
AMYL	淀粉酶	$0 \sim 34$	U/L	$0 \sim 34$	U/L
AST	谷草转氨酶	$50 \sim 150$	U/L	$50 \sim 150$	U/L
BUN	尿素氮	$10 \sim 25$	mg/dL	$3.6 \sim 9.3$	mmol/L
Ca^{2+}	钙离子	$8 \sim 12$	mg/dL	$2 \sim 3$	mmol/L
CHOL	总胆固醇	$45 \sim 200$	mg/dL	$1.2 \sim 5.2$	mmol/L
CK	肌酸激酶	$50 \sim 350$	U/L	$50 \sim 350$	U/L
CREA	肌酐	$0.5 \sim 1.6$	mg/dL	$44 \sim 141$	μmol/L
GGT	谷氨酰转肽酶	$0 \sim 87$	U/L	$0 \sim 87$	U/L
GLU	葡萄糖	$56 \sim 88$	mg/dL	$3.11 \sim 4.89$	mmol/L

续附表3

项　目		美国单位		国际单位	
LIPA	脂肪酶	30～200	U/L	30～200	U/L
Mg²⁺	镁离子	1.8～3.0	mg/dL	0.8～1.3	mmol/L
NH₄⁺	氨离子	0～90	μmoL/L	0～90	μmol/L
PHOS	磷	4.0～8.6	mg/dL	1.3～2.8	mmol/L
TBIL	总胆红素	1～0.7	mg/dL	0～12	μmol/L
TP	总蛋白	6.2～8.0	g/dL	62～80	g/L
TRIG	甘油三酯	0～8	mg/dL	0.00～0.10	mmol/L
GLOB	球蛋白	3.0～4.9	g/dL	30～49	g/L
Na⁺	钠离子	138～155	mmol/L	138～155	mmol/L
K⁺	钾离子	3.9～6.4	mmol/L	3.9～6.4	mmol/L
Cl⁻	氯离子	96～116	mmol/L	96～116	mmol/L

注：数据来源于IDEXX生化仪参考范围

附表4　肉牛血清中生化指标参考范围

项　目		美国单位		国际单位	
ALB	白蛋白	2.5～3.6	g/dL	25～36	g/L
ALKP	碱性磷酸酶	10～149	U/L	10～149	U/L
AMYL	淀粉酶	0～28	U/L	0～28	U/L
AST	谷草转氨酶	0～91	U/L	0～91	U/L
BUN	尿素氮	7～17	mg/dL	2.5～6.14	mmol/L
Ca²⁺	钙离子	7.8～10.5	mg/dL	1.95～2.62	mmol/L
CHOL	总胆固醇	76～227	mg/dL	1.96～5.86	mmol/L
CK	肌酸激酶	0～110	U/L	0～110	U/L
CREA	肌酐	0～2	mg/dL	0～172	μmol/L
GGT	谷氨酰转肽酶	0～80	U/L	0～80	U/L
GLU	葡萄糖	46～93.2	mg/dL	2.56～5.18	mmol/L

续附表 4

项 目		美国单位		国际单位	
LIPA	脂肪酶	30～400	U/L	30～400	U/L
Mg^{2+}	镁离子	1.26～2.04	mg/dL	0.52～1.00	mmol/L
NH_4^+	氨离子	0～90	μmoL/L	0～90	μmol/L
PHOS	磷	4.29～7.89	mg/dL	1.38～2.55	mmol/L
TBIL	总胆红素	0～0.730.7	mg/dL	0～12	μmol/L
TP	总蛋白	5.8～8.00	g/dL	58～80	g/L
TRIG	甘油三酯	0～8.24	mg/dL	0.00～0.09	mmol/L
GLOB	球蛋白	2.7～3.8	g/dL	27～38	g/L
Na^+	钠离子	132～152	mmol/L	132～152	mmol/L
K^+	钾离子	3.9～5.8	mmol/L	3.9～5.8	mmol/L
Cl^-	氯离子	97～111	mmol/L	97–111	mmol/L

注：数据来源于 IDEXX 生化仪参考范围